入“家”境

舒适小家

北欧风格小户型搭配秘籍

庄新燕　等编著

机械工业出版社
CHINA MACHINE PRESS

本书汇集了数百幅小户型家庭装修案例图片，全方位展现北欧风格居室简单、朴实、自由、实用的特点。全书共有六章，包括了客厅、餐厅、卧室、书房、厨房、卫生间六大主要生活空间，分别从居室的布局规划、色彩搭配、材料应用、家具配饰、收纳规划五个方面来阐述小户型的搭配秘诀。本书以图文搭配的方式，不仅对案例进行多角度的展示与解析，还对图中的亮点设计进行标注，使本书更具有参考性和实用性。本书适合室内设计师、普通装修业主以及广大家居搭配爱好者参考阅读。

图书在版编目（CIP）数据

舒适小家. 北欧风格小户型搭配秘籍 / 庄新燕等编著. — 北京：机械工业出版社，2020.12
（渐入“家”境）
ISBN 978-7-111-66887-9

Ⅰ. ①舒…　Ⅱ. ①庄…　Ⅲ. ①住宅－室内装饰设计
Ⅳ. ①TU241

中国版本图书馆CIP数据核字(2020)第219750号

机械工业出版社（北京市百万庄大街22号　邮政编码 100037）
策划编辑：宋晓磊　　　　责任编辑：宋晓磊　李宣敏
责任校对：刘时光　　　　封面设计：鞠　杨
责任印制：孙　炜
北京利丰雅高长城印刷有限公司印刷

2021年1月第1版第1次印刷
148mm×210mm・6印张・178千字
标准书号：ISBN 978-7-111-66887-9
定价：39.00元

电话服务　　　　　　　　　网络服务
客服电话:010-88361066　　机　工　官　网：www.cmpbook.com
　　　　　010-88379833　　机　工　官　博：weibo.com/cmp1952
　　　　　010-68326294　　金　　书　　网：www.golden-book.com
封面无防伪标均为盗版　　机工教育服务网：www.cmpedu.com

Foreword 前言

小户型的使用面积有限，让小居室更加舒适、美观，是多数设计师与业主梦寐以求的居住愿景。有人认为受户型与空间面积影响，小居室只适合做一些简单装饰。其实，若能在家装选材、色彩搭配、布局规划、软装配备等方面做到别出心裁，无论是奢华风还是简约派，都是可以尝试的。

本套丛书包括现代风格、北欧风格、日式风格、美式风格、混搭风格五种当下流行的热门家居装饰风格，汇集了大量真实案例，以布局规划、色彩搭配、材料应用、家具配饰、收纳规划五个方面为出发点，全面剖析小户型空间的设计搭配技巧。力求使小户型居室摆脱不好用、拥挤、昏暗的尴尬局面。满足人们对舒适居住环境的向往，也兼顾了家居美学的个性化追求。

本书以展示北欧风格简单、朴实、自由、实用的特点为主要目的，共分为六章，分别包括客厅、餐厅、卧室、书房、厨房、卫生间六大生活空间，汇集了96个设计灵感，重点讲解家居空间设计、细部设计与装饰亮点。通过图文搭配的方式，使本书阅读起来更直观、更实用。本书是一本打造北欧风格完美家居氛围的秘籍，能为不同需求的读者提供参考。

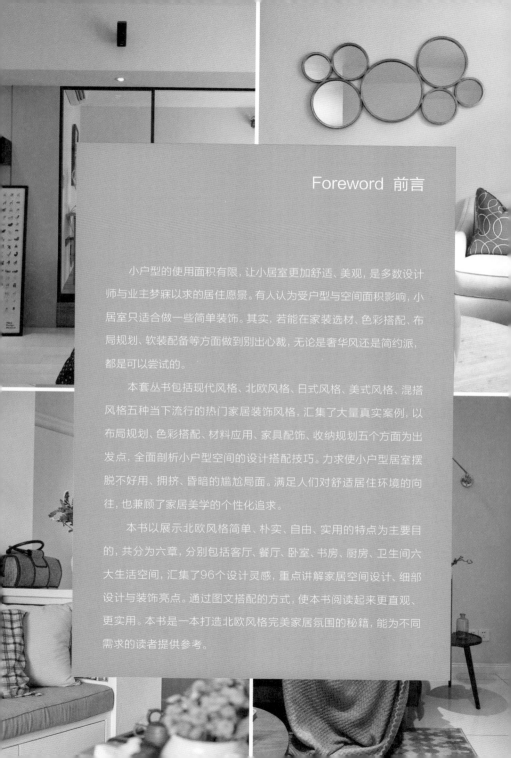

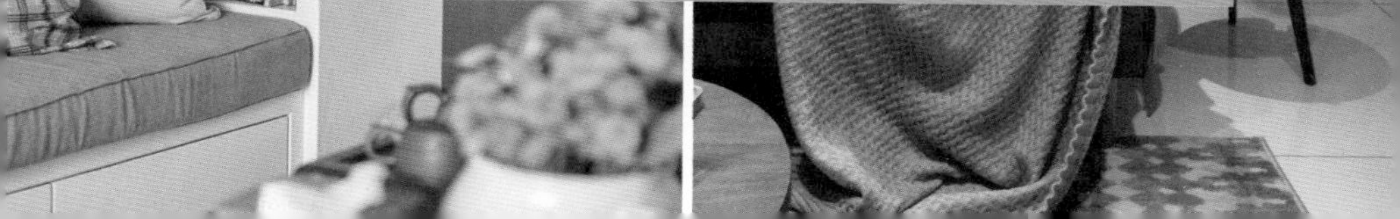

Contents 目录

第5章
厨房/141-164

第6章
卫生间/165-186

第1章

客 厅

1 北欧 <风格

客厅的布局规划

在客厅增设休闲吧台，一个空间两种功能

利用通透的玻璃推拉门做餐客规划

承担分区的隔断墙

亮点 Bright points

半隔墙

半截隔墙的设计缓解了小空间的局促感，比传统实墙的视野更开阔。

亮点 Bright points

强化复合木地板

灰色调的地板看起来很有质感，也是室内配色最深的部分，强化了配色的稳定性。

亮点 Bright points

复古壁纸的装饰

沙发墙面的壁纸图案十分复古，白底灰纹，为居室平添了许多艺术气息。

亮点 Bright points

布艺沙发

布艺沙发的设计造型非常简单，柔软舒适的触感，保证了使用的舒适性。

01 在客厅增设休闲吧台，一个空间两种功能

亮点 Bright points

原木地板

原木地板保留了木板的本色，未经修饰，为空间增添了淳朴韵味。

1

在客厅与餐厅之间打造一处带有休闲功能的吧台，能顺势将两个区域分开，以此来代替传统实墙，有效缓解小空间的压抑感，提升美观度的同时还能充分满足收纳与装饰两大功能。还可以根据实际情况在吧台上方安置两顶吊灯来烘托气氛。

小家精心布置之处

1.客厅一角用木材做成开放层架，兼具收纳与展示功能，还特地保留了木材本身的纹理。

2.软装搭配的亮点在于白色沙发与木质茶几的搭配，淳朴中流露出舒适之感。

3.吧台是整个空间设计规划的亮点，将客厅和餐厅分离，这样可以获得更宽阔的视觉感受。

2

3

02

利用通透的玻璃推拉门做餐客规划

小家精心布置之处

1.用质感粗犷的板岩砖来装饰矮墙，自带做旧的视感，打造出别样的装饰效果。

亮点 Bright points

彩色抱枕的点缀

抱枕不需要多余的修饰，仅凭色彩便能起到良好的装饰效果。

亮点 Bright points

组合茶几

组合茶几是客厅装饰的亮点之一，不规则的几何造型，让现代家居充满设计感。

亮点 Bright points

隔断书柜

深色木质隔断既能划分空间又能用来陈列工艺品，功能性与美观性并存。

2.黑色塑钢边框搭配透明玻璃，让质感与装饰效果更加突出。

采用玻璃推拉门进行空间区域分割，玻璃通透的质感满足了空间光线穿透、视感不压抑的实际需求。若想在搭配上产生一些变化以达到提升美感的目的，可以在选材上做出一些变化，例如，清玻璃搭配黑色边框、浅茶色玻璃搭配木质边框、浅灰色玻璃搭配金属色边框等，这样就可以丰富空间的视感及提升趣味性。

亮点 Bright points
新鲜花卉
花卉的点缀，增添了室内的美感，既美化环境又能让居住者的心情愉悦。
亮点 Bright points
白色纱帘
阳光透过白色纱帘，让居室的光线更加柔和。

小家精心布置之处

1.客厅的一角是书房，两个空间不做任何区域界定是十分明智的做法，这样能使小空间看起来更加宽敞。

2.定制的小吧台充当了餐桌的功能，让餐客分区更加明朗，为了整体风格的统一与协调，选用与电视柜一致的原木作为主材，使室内充满自然风。

3.柔软的布艺沙发，不仅触感舒适，而且高级的配色看起来十分养眼。

03

承担分区的隔断墙

亮点 Bright points
铁艺落地灯
黑色灯架简洁大方，搭配白色灯光，层次更加分明。

不合理的房间格局会让小空间显得零碎、缺乏完整性，过多的实体墙会带来压迫感，且影响整个空间的采光。面对这种情况，可以采用半隔断墙来代替传统实墙，视觉上减少压迫感，还能对空间布局做出有效规划。小户型中的半隔断墙的设计通常与质感通透的玻璃或带有收纳功能的矮柜结合，玻璃有延伸视觉、放大空间的效果，且矮柜有着良好的收纳功能，在规划时可以将柜体嵌入墙面，淡化柜体的存在感，让墙面设计更有整体性，以此来避免视觉上的零碎感，为小居室注入更多魅力。

<1

亮点 Bright points
隔断柜
玻璃与木材结合的柜体，通透感十足，还具备收纳功能。

<2

小家精心布置之处

1.客厅中浅米色的三座布艺沙发是客厅的主角，其简约舒适的造型可满足待客需求；灯光与抱枕、花艺的组合，让居室氛围更显柔和。

2.利用结构特点打造的隔断柜，与传统实墙相比更具有通透性，收纳功能更强。

3.客厅、餐厅在一个空间内，舒适的局部让动线更畅通。

2 北欧 <风格 客厅的色彩搭配

利用色彩增添小客厅的庄重感

无彩色系的对比搭配，缓解小客厅的紧凑感

冷色调的轻松和自在

明亮的色彩点缀出北欧风格的缤纷与斑斓

降低色彩明度，勾勒出北欧风格的雅致

亮点 Bright points

混纺地毯

地毯的颜色淡雅又不失丰富，缓和了石材硬朗的视感，为居室增温不少。

亮点 Bright points

黑白色调装饰画

黑白色调的装饰画，视觉效果非常震撼，符合居室内雅致的居家氛围。

亮点 Bright points

金属果盘

花瓣造型的金属材质果盘，创意十足，也彰显了北欧风格选材的多元性。

04 利用色彩增添小客厅的庄重感

北欧风格的小客厅中，往往多采用白色或浅色作为墙面、顶面及地面的首选色，因为此类色彩能让人产生视觉扩张感。同时应注意避免大面积浅色给人带来的单调感与浮滑感，在家具配置上可适当考虑选用一点深色来加强空间的庄重感，使整个客厅的色彩搭配、家具陈设比例看起来更加平衡，达到提升整个空间的装饰效果，彰显风格特点的目的。

小家精心布置之处

1.在客厅的一个小角落里，利用结构特点规划出三层的收纳壁龛，巧妙地缓解室内结构布局小的尴尬。

2.几何图案的壁纸搭配高级灰的布艺沙发，让小客厅更显舒适。

3.以浅色调为背景色的客厅中，灰色布艺沙发的运用，让空间的色彩更显庄重，也彰显了北欧风格居室的配色特点。

05

无彩色系的对比搭配，缓解小客厅的紧凑感

亮点 Bright points
人字拼地板
地板选用人字形拼贴方式，让地面设计更显丰富。
<1

<2

亮点 Bright points
悬空的柜体
悬空式设计的柜体搭配灯带视感，更加轻盈。
<3

客厅空间面积较小时，可以适当地运用黑色的收缩感与白色的膨胀感，来缓解空间的紧凑感。同时，黑色与白色、灰色与白色所形成的对比，也能让空间显得更加明快、简洁。

小家精心布置之处

1.以黑色、白色、灰色为主要配色的客厅，呈现给人的视感明快而时尚。

2.客厅电视墙的一侧与集成橱柜融为一体，这种一体化的设计既不影响美观又节省了空间。

3.将走廊部分规划成厨房，利用室内结构打造的整体橱柜，将小空间的使用率发挥到极致。

亮点 Bright points
彩色陶瓷坐墩
彩色陶瓷坐墩是客厅中的一抹亮丽色彩。
1

2

小家精心布置之处

1.阁楼处规划的小客厅，以黑色、白色、灰色三色为主调，适当地融入蓝色、绿色、砖红色进行点缀，层次分明、色彩搭配合理。

2.原木色的楼梯，造型简洁大方，是空间装饰的亮点之一。

3.镜面能使小客厅在视觉上有一定的扩张感。

4.造型简约纤细的北欧风格家具，装饰性与功能性兼备；饰品花艺、布艺元素的点缀，增添了空间的美观度。

3

亮点 Bright points
绢花
淡紫色的绣球花点缀在客厅中，增添了一抹娇艳之色。
4

06

冷色调的轻松和自在

1

北欧风格的室内色彩选择冷色调居多，因为冷色调能给人带来轻松、自在之感，使居室的色彩搭配效果偏向于清爽、自然与简洁。北欧风格中的冷色通常以不同明度的蓝色居多，蓝色与白色相搭配，呈现出简约明快的视觉效果；与棕色相搭配，往往可以产生醒目而沉稳的效果，营造出平静、舒适的空间氛围；与黄色搭配则传达出一种休闲、愉悦的视觉感受。

小家精心布置之处

1.客厅主题墙选用大面积的蓝色，缓解了由于过度光照产生的闷热感，整体感觉更加清爽明快。

亮点 Bright points
柠檬黄的抱枕
抱枕的颜色鲜亮，与背景色形成互补，活跃了整个空间氛围。

<2

<3

<4

2.以斑马纹为主题的装饰画，色彩对比明快，让简单的乳胶漆墙面看起来艺术感十足。

3.低矮造型的家具格外适合被用在小户型居室中，不占据空间，还保证了基本的使用功能。

4.将沙发墙的一侧设计为收纳柜，上部分用来摆放饰品、书籍等，下部分可以用来储藏一下不经常使用的物品，实用性很强。

07

明亮的色彩点缀出北欧风的缤纷与斑斓

1

小家精心布置之处

1.小客厅中墙面不做任何复杂的设计造型，仅凭两幅风格迥异的装饰画便能提升整个空间的艺术氛围。

2.家具的设计造型简洁大方，简单的搭配就能体现出北欧风的精致生活。

3.沿墙开通的小窗户是LOFT户型中不可或缺的设计，可让室内拥有良好通风，使室内的舒适性得到了保证。

保证小空间的客厅光线充足，让空间氛围不产生压抑感是小空间的客厅所有设计的首要原则。北欧风格居室常见的配色方式是地面选择温润的原木色，墙面选择白色作为背景，让整个空间环境显得静谧而简洁，为提升空间美感，家具及饰品等陈设品的颜色除了需要选择具有收缩效果的色彩，还可以适当地选择一些明快的色彩进行点缀，这样即可以在提升空间搭配美感的同时营造出专属于北欧风格的缤纷视感。

亮点 Bright points

温莎椅

在电视旁随意摆放一张椅子，使室内的休闲感暴增。

2

3

亮点 Bright points
装饰画
装饰画的颜色选色对比明快，是丰富墙面设计的不二之选。
<1

08

降低色彩明度，勾勒出北欧风格的雅致

北欧风格的客厅中，不会有多余复杂的装饰，大到每一件家具，小到每一项软装元素，都能成为空间中不可忽视的色彩装饰。配色时可以考虑适当降低墙面、大型家具等主题色的色彩明度，这样能使空间的色彩印象更显雅致。例如，地板、墙面、沙发及窗帘等空间主导色都选用低明度色彩，再以黄色、绿色等色彩来为空间调色，便能勾勒出北欧风格居室清爽简约的美感。

小家精心布置之处

1.餐厅与客厅共处一室，软装元素的彼此呼应，使整体空间配色更和谐。

2.原木色的家具永远是北欧风格居室内的最爱，木质边几与电视柜选用同一材质，色彩沉稳，木纹理清晰，极具美感。

<2

3 北欧 <风格 客厅的材料应用

让北欧风格居室大放异彩的木材

乳胶漆以淡色或白色为最佳

利用花砖打造北欧风格的文艺清新感

砖块与墙漆的文艺之情

亮点 Bright points

白色墙砖
简洁而不失层次的白色墙砖，为居室创造出一个简约文艺的背景氛围。

亮点 Bright points

搁板的魅力
小空间内对搁板的运用十分常见，搁板底部灯带的运用，缓解了木材的厚重感，别致而新颖。

亮点 Bright points

绿植的点缀
在北欧风格居室内，使用绿植作为点缀装饰，无论植物的体积大小，都能增添空间的自然气息，也使居室更宜居。

Wallpaper

让北欧风格居室大放异彩的木材

北欧风格居室内的家具、地板等多使用橡木、枫木、松木、云杉、白桦等木材作为主要装饰材料。放弃了烦琐的加工工艺，保留了木材本身的纹理、质感及原始色彩，是北欧风格居室中营造自然氛围的主要装饰材料，简约的造型及其极简的韵味也更加适合小户型居室。

亮点 Bright points
格子图案抱枕
黑白格子图案的布艺抱枕，增添了室内舒适感与活力。

亮点 Bright points
隔断书架
深色的木质隔断作为书架，既能收纳也能划分空间。
Wallpaper

小家精心布置之处

1.客厅内采用了大量的木材作为装饰，为了使室内看起来更加宽敞，整墙的电视柜选择了白色漆面。

2.沙发的样式简单，加上各种抱枕，整体看起来十分柔软舒适。

3.层架隔断将客厅与卧室有效分割，层架上可以摆放一些照片、书籍等经常使用的物品，方便拿取，又有很好的装饰效果。

亮点 Bright points

柔软的懒人沙发

浅米色的懒人沙发增添了客厅的舒适感，别致的造型也更显时尚。

<1

10

乳胶漆以淡色或白色为最佳

小家精心布置之处

1.白色乳胶漆装饰的墙面，为客厅带来洁净、宽敞的视感；黑色镜面的组合运用，提升了空间的色彩层次感，也使简单的设计更显丰富。

2.原木组合茶几的造型极具创意，是整个客厅中软装搭配的亮点，尽显北欧风格家具的魅力与格调。

<2

亮点 Bright points
写意装饰画
利用装饰画来装扮简约的墙面，极富艺术感。

小家精心布置之处

1.造型简约的边几与皮质单人座椅，不会占用太多空间，还能满足更多人的实用需求。

2.简约的搁板上随意摆放的书籍、花艺、饰品让居室氛围更具生活气息。

3.布艺沙发是客厅中的主角，搭配黑白色调的地毯，让待客空间更加舒适。

4.空间整体以白色为主色，通过不同材质来体现层次感，巧妙而充满洁净感。

亮点 Bright points
地毯
几何图案的地毯，为客厅增温不少。

利用花砖打造北欧风格的文艺清新感

色彩斑斓、图案丰富的花砖适合于多种风格的居室使用，尤其是与充满自然韵味的木质元素搭配在一起更显清爽文艺和精致感。艺术花砖的拼贴对于施工技术是一大考验，很容易出现瑕疵，不能马虎，花纹的拼接必须严谨，否则影响美观。北欧风格居室内的花砖通常以简化的几何图案居多，色彩也更加偏向于清爽、明快的颜色，以彰显空间清新文艺的格调。

<2

<1

小家精心布置之处

1.花砖的色彩、风格、图案十分富有复古感，与白色护墙板搭配，展现出北欧风格居室独有的清新文艺之感。

2.将地板抬高之后，顺势将阳台做成榻榻米，这样既拓展了小客厅使用面积，又丰富了空间的功能。

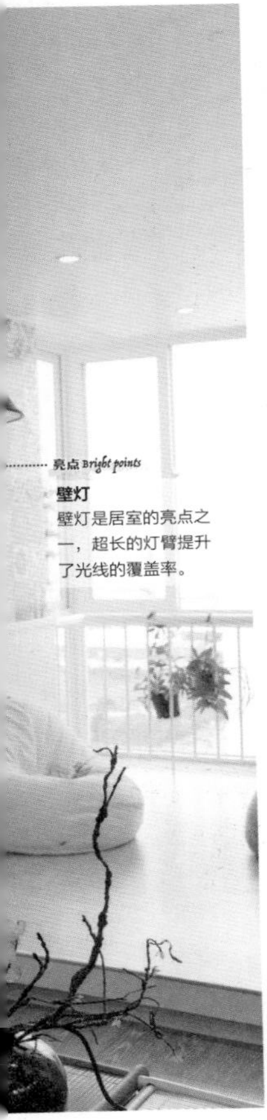

亮点 Bright points

壁灯

壁灯是居室的亮点之一，超长的灯臂提升了光线的覆盖率。

亮点 Bright points

搁板

搁板不需要复杂的造型，在其上随意摆放三两个小物件，就可突显出主人的爱好和情趣。

3

3.电视墙利用花砖与白色墙漆相搭配，弱化了砖体的花哨之感；中间设计的搁板为小客厅提供了一些收纳空间。

亮点 Bright points

壁龛与饰品

装饰壁龛也可以用于收纳，把几本孩子喜欢的绘本放在上面，方便拿取。

4

4.利用结构特点设计打造的壁龛，很有创意，明艳的配色也使其成为居室内的设计亮点。

12

砖块与墙漆的文艺之情

裸砖与墙漆的结合非常能表现北欧风质朴文艺的风格特点。砖块通常采用“工”字形造型进行排列，叠加的层次不会因为墙漆的覆盖而失色，反而呈现出别样的层次效果。墙漆的颜色可以选择洁净的纯白色、柔和的奶白色、优雅的灰白色抑或是清爽的淡蓝色等，此类色彩十分适合营造北欧风清新文艺的格调。

小家精心布置之处

1.在客厅与餐厅过渡的墙面上，设计了嵌入式的收纳柜，非常节省空间，还在视觉上起到了划分空间的作用，其中丰富的藏品也让简单墙面的设计表情更加丰富。

2.极富创意的收纳筐代替了茶几，选材极具自然气息，地毯、摇椅还有几本随手放置的书籍勾勒出午后休闲时光的闲暇之情。

亮点 Bright points
蝴蝶兰
用姿态优美的花枝点缀空间，效果极佳，显得清新自然。

<1

<2

亮点 Bright points

嵌入式收纳柜

嵌入墙体的收纳柜不占据空间，同时丰富墙面设计，保证收纳。

3.没有茶几的客厅中几凳与小边柜的运用显得很用心，高低错落的搭配，十分符合北欧风家居的风格。

亮点 Bright points

白色蜂巢帘

卷帘让室内的光线更柔和，收起放下的操作也更方便，比传统平开帘更节省空间。

4 北欧 < 风格
客厅的家具配饰

利用可移动光源渲染氛围

利落的家具线条，削弱体量感

简洁的条纹图案增强视觉延伸感

独特的北欧装饰元素

利用家具造型提升小客厅舒适度

亮点 Bright points

休闲椅

铁件与皮材组合的休闲椅，设计造型纤细简单，皮材鲜艳的颜色点缀并美化了空间。

亮点 Bright points

布艺窗帘

北欧风居室内的窗帘通常采用平开式，不需要多余的修饰，更加注重功能性。

亮点 Bright points

金属托盘茶几

黑色金属托盘茶几是北欧风居室内最具有代表性的家具之一，其简约的造型十分美观实用。

利用可移动光源渲染氛围

<1

将灯具的照明作用与装饰性融合在一起，可以把客厅的顶面筒灯、墙面壁灯以及各个角落的灯饰布置得错落有致，再通过可移动光源的辅助，形成极佳的灯光效果，渲染出意想不到的氛围。

小家精心布置之处

1.客厅中一盏美轮美奂的球形水晶吊灯，无疑是整个空间内的装饰亮点，营造出华丽而时尚的空间氛围。

2.电视墙的规划充分利用了户型结构特点，让楼梯下方的空间得以利用。

3.客厅顶面局部采用镜面作为装饰，让小空间更显开阔。

<2

亮点 Bright points
装饰画
装饰画的题材十分富有创意，提升了空间的艺术氛围。

<3

11

利落的家具线条，削弱体量感

小客厅中的家具配置以沙发、茶几、电视柜为主，可以通过简化家具的设计线条，在视觉上起到释放空间的目的。因为利落的线条能够避免侵占视觉，如浅木色的温莎椅能为空间增添柔和感；白色细腿造型的茶几，纤细高挑，不易让人产生沉闷感。

2

亮点 Bright points
绿植
绿植的点缀，在北欧风格的居室内不容或缺。
1

亮点 Bright points
精致的台灯
台灯的设计造型简约中带有一份复古韵味，金色与白色的组合也为居室带来一份轻奢的视感。
3

小家精心布置之处

1.清爽的北欧风格装饰画，搭配淡米色的墙面和素净的布艺沙发，营造了安逸的空间氛围。

2.原木材质的温莎椅，体现了北欧风格家具简单、大气的造型特点。

3.造型简单的白色边几，可用来放置台灯，也可美化环境，一物多用，个性十足又不失实用性。

亮点 Bright points
创意吊灯
花枝造型的创意吊灯，装饰性与功能性兼备。
亮点 Bright points
布艺窗帘
窗帘的色彩淡雅，使空间氛围更有韵味。
4

5

亮点 Bright points

双色茶几与绿植

白色饰面的茶几加上花艺的点缀，让小客厅的氛围更显清新。

4.客厅以木质材料作为主材，搭配淡色的墙面、布艺饰品，以及良好的采光让客厅更显温馨舒适。

5.造型简洁大方的木制家具，十分注重功能性与美观性。

15 简洁的条纹图案增强视觉延伸感

亮点 Bright points
钢化玻璃茶几
钢化玻璃茶几的造型简单，却是最能体现设计感的元素。
<1

<2

小家精心布置之处

1.小客厅中家具的造型十分简洁，简约的布艺沙发、边柜、茶几等错落有致的搭配，满足了小客厅的所有使用需求。

2.椅子是客厅装饰的一个小亮点，结实的木质框架，外观线条流畅圆润，搭配色彩明快而活跃的布艺坐垫，拥有着无与伦比的舒适度与美观度。

3.墙面搁板的造型看似简单，却展现着居住者的诸多喜好，开放的层板上摆放的书籍与小物件，展现出十分浓郁的生活趣味。

<3

条纹图案是所有装饰图案中律动感最强的一种。北欧风格的居室内布艺元素更偏爱于色彩对比柔和的条纹图案，其简洁大方的线条可以使人在视觉上产生延伸感。例如，浅灰色与米白色的条纹组合，色彩对比柔和，能够有效提升装饰层次感且不会显得突兀。合理的选择装饰图案及色彩，能让整个客厅空间搭配更加协调，装饰效果更加别具一格。

<1

<2

<3

北欧风格常用的装饰元素大多是浓缩了欧式古典文化的精髓与现代时尚设计的完美结合，最能体现北欧风灵魂的装饰元素当属“鹿”元素的运用，无论是一只悬挂在壁炉上方的鹿头装饰，还是以鹿为题材的装饰画，抑或是一只以鹿为设计原型的收纳架，都是用来体现北欧特色不可或缺的经典元素。

小家精心布置之处

1.麋鹿造型的置物架，极富北欧特色，一物多用，十分符合小居室的搭配原则。

2.淡蓝色乳胶漆装饰的主题墙，十分符合北欧风居室的选色特点，营造的氛围清爽、安逸。

3.布艺沙发与墙面乳胶漆的颜色形成呼应，同色调的配色组合也更显和谐。

4.绿植永远是营造居室自然氛围的不二之选，将其摆放在餐厅与客厅之间，无形中起到划分空间的作用。

16 独特的北欧装饰元素

亮点 Bright points

懒人沙发

懒人沙发明快的色彩丰富了室内色彩层次，增添美感。

<4

亮点 Bright points
海洋元素
将自己喜欢的照片、小饰品装饰在墙面上，也是一种展示生活情趣的小技巧。
1

17

利用家具造型提升小客厅舒适度

北欧风小客厅喜爱选用带有圆弧线造型的家具，线条流畅饱满，给人的感觉更加柔和舒展。圆弧形家具的线条变化采用渐变过渡的方式，即由宽变窄或由窄变宽的线条变化，家具的整体感更强，视感更柔和，能够有效地避免了小空间的生硬感，提升舒适度。

小家精心布置之处

1.沙发墙墙面采用硅藻泥作为装饰，淡淡的米色，让人感觉十分舒适；沙发旁边搭配着高低错落的边几，提供收纳的同时本身也是一件极富美感的装饰元素，是美观性与功能性兼备的共同体。

2.托盘茶几与白瓷底座的组合，创意感很强，上面随意摆放的蜡烛、红酒点缀了空间。

2

<3

<4

3.木隔板与灯带的组合提升了整个电视墙的颜值，白色灯带的衬托，让木材的纹理更突出。

4.高腿的书桌造型纤细，不占据空间，巧妙地在客厅的一角开辟出一个用于学习或工作的静谧角落。

5 北欧 <风格
客厅的收纳规划

利用电视墙规划小客厅的收纳系统

利用开放式层板展现生活细节

合理定制收纳，提高收纳效率与空间美观度

让物品化身装饰，以点缀小家

亮点 Bright points

定制收纳柜

根据居室的结构特点定制收纳柜，大大增加了小居室的储物空间，不需要复杂的设计造型，简洁大方即可。

亮点 Bright points

成品收纳柜

成品收纳柜的高度与结构完美契合，体现搭配设计的用心。

亮点 Bright points

玫瑰花

淡紫色的玫瑰花，娇艳动人，为空间注入一份浪漫情调。

18
利用电视墙规划小客厅的收纳系统
亮点 Bright points
椭圆形茶几
将茶几粉刷成明黄色，以成为空间配色的亮点。

小户型的收纳规划可以考虑在客厅与阳台的一侧墙面整合规划出一整面柜墙，通过虚实搭配的收纳手法将电视机隐藏其中，再利用柜体半封闭、半开放的设计手法，形成主墙的视觉焦点，如此便能使电视墙兼备收纳功能与装饰效果，让小客厅看起来更加整洁、舒适。

小家精心布置之处

1.电视柜整体选择白色，为室内提供更多的收纳空间。

2.利用空间结构特点，将沙发一侧规划成收纳层架，蓝色的柜体与黄色茶几形成互补，整体色彩更有层次。

3.造型简约大方的客厅家具，配色活泼，堪称北欧风格的经典配色。

亮点 Bright points
收纳格子
收纳格子，既有装饰效果亦可用于收纳展示。

19

利用开放式层板展现生活细节

亮点 Bright points
牡丹
奶白色的牡丹颜色选择极具自然气息，为客厅增添美感。

1

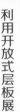

亮点 Bright points
油画
油画的色彩与居室内家具的颜色相呼应，整体氛围更和谐。

2

对于小客厅的设计，可以考虑将电视柜设计成开放式的层板造型，通过层板的高低落差或颜色变换来强调设计的层次感。再通过层板的展示功能将一些藏品或书籍陈列其中，让客厅收纳变成一种装饰，美化居室环境，活跃空间氛围。

小家精心布置之处

1.小客厅内将电视墙规划成功能性极强的收纳层板，解决了小空间的收纳问题，营造出清爽、多变的视觉感受。

2.客厅与卧室相通，利用磨砂玻璃推拉门作为间隔，灵活通透，保证了客厅的采光与美观度。

亮点 Bright points
布艺抱枕
抱枕的色彩搭配颇有一份复古韵味。
<1

亮点 Bright points
玻璃花器
随意摆放的玻璃花瓶，为居室带来不容忽视的美感。
<2

亮点 Bright points
油画
油画色彩浓郁，是墙面装饰的亮点。
<3

小家精心布置之处

1.背景色为白色墙壁、原木色地板，适度的留白再搭配深色的布艺沙发，色彩明快又不失稳重。

2.开放式原木层架的设计简约、实用，搭配白色墙面，美观与实用并存。

3.色彩浓郁的装饰油画，让北欧风格居室的色彩更有层次。

20

合理定制收纳，提高收纳效率与空间美观度

亮点 Bright points
托盘茶几
托盘茶几造型别致，就好像一件艺术一般的存在与室内。
<1

小户型居室的收纳规划并不是柜子越多越好，而应从空间条件、物品类别、生活习惯等方面着手。过多的收纳空间会让小空间看起来更加拥挤，降低生活质量。在规划收纳时，可以利用空间结构采用定制收纳的方式来解决收纳难题。依照需求定制收纳空间，不仅在使用上更加舒适，还可以将收纳整合在一处，避免过多柜体的同时，同时弥补了不规则结构的缺陷，达到装饰空间、美化空间的双重功能。

亮点 Bright points
抱枕
柔软的布艺抱枕颜
十分高级，丰富了
间的色彩层次。
<2

小家精心布置之处

1.客厅的整体设计十分简洁，从家具到配色都恰到好处，素色的空间加入原木元素，更具自然气息。

2.客厅的整体设计简洁大气，灰色的布艺沙发一点不会显得暗淡，反而让人感觉到时尚，尤其是抱枕的点缀，视感更高级。

3.利用各种过渡空间打造的收纳柜，在满足空间收纳功能需求的同时，也使室内布局更加合理、美观。

亮点 Bright points

开放式收纳格子

利用结构特点打造的收纳格子本身就是居室内最亮眼的装饰。

4.休闲椅、休闲凳再加上一个可以用来摆放茶具或书籍的边几，在小空间中营造出如此惬意的角落。

21 让物品化身装饰，以点缀小家

亮点 Bright points

搁板

搁板为小客厅提供更多收纳空间，同时也让居室表情更加更富。

小家精心布置之处

1.考虑到客厅的使用面积，所以其整体以浅色为主调，点缀其中的几处深色让配色更有层次感。

2.素色墙漆的电视墙，不需要多余的装饰，也能显得很有韵味。

亮点 Bright points

落地灯

灯具造型新颖别致，时尚感极强。

亮点 Bright points

陈列搁板

开放式的搁板负责客厅中饰品及书籍的陈列与展示。

利用搁板来装饰墙面，在小户型居室设计中，十分常见。北欧风格居室中的搁板造型简洁利落，搭配一些日常用品、书籍、工艺品等，将搁板的收纳与展示功能发挥到极致。需要注意的是，开放式搁板的储物摆放方式，除了照顾主人的日常使用需求及习惯之外，还应注意物品摆放的美观度，避免因物品过盛而产生凌乱感。

第 2 章

餐 厅

1 北欧 < 风格
餐厅的布局规划

改变家具色彩，强调用餐区域

果断舍弃隔墙，让餐客共享更加和谐

结构布局融入规划，动线更自由

亮点 Bright points

移动餐车

小餐厅中配备一个带轮的小餐车，可以减少小餐桌的桌面使用率，平时还能归置在一旁，充当置物架，一物多用。

亮点 Bright points

轨道射灯

灵活的轨道射灯能够满足不同需求的照明，美观大方，不需要复杂的顶面设计。

亮点 Bright points

组合装饰画

用一组有序排列的装饰画来装饰墙面，节省装修造价，且效果极佳。

22

改变家具色彩，强调用餐区域

<1

小家精心布置之处

1.客厅入门处利用墙体架构规划了收纳区，满足了小居室的日常收纳需求。

2.餐厅家具的颜色略深，利用色彩强调了功能分区。

3.将用餐区的一侧做成榻榻米，既能充当餐椅，又弥补了户型缺陷，增添美感的同时又提高了空间舒适度。

餐厅与其他空间相连时，最好保持配色的和谐，这样既可保证整个空间的相互关联性，也不会产生视觉上的突兀感。在规划用餐区时，通过改变餐桌椅的颜色来强调功能，是不错的做法，还可以利用色彩的变化在视觉上建立无形的区域分割，相比实墙或隔断，更能保证小空间的开阔性。

<2

亮点 Bright points

收纳柜

普通的收纳柜也能因配色而美丽，即使是简单的组合柜，搭配上精致的陈列品，看起来也很有美感。

1

2

3

小家精心布置之处

1.为了不破坏开放式空间的动线与整体感，餐桌椅靠墙而置，释放出更多的地面空间。

2.利用陶瓷锦砖拼贴而成的壁画，让整体空间充满时尚感与艺术气息。

3.精美的花艺搭配黑色陶瓷花瓶，增添了用餐情调，美化空间环境。

小户型居室，若采用开放式布局，为保证空间动线的流畅性，可以舍弃一些不必要的空间间隔，整合出一个客厅兼餐厅的共享区域。将原本的间隔墙以家具代替，一方面强化空间的使用功能，另一方面让餐厅拥有良好的光线，保证用餐的舒适度。

亮点 Bright points
北欧风吊灯
白色的铁艺吊灯带有浓郁的北欧特点，简约中流露出时尚感。

小家精心布置之处

1.做旧处理的餐桌，散发着淳朴自然的气息；用五幅装饰画来装点简约的墙面，与餐厅整体的自然风毫无违和感。

2.餐厅与客厅相连，装修尽可能地选择了自然材质，木质地板、硅藻泥墙面、木质餐桌等，不仅触感舒适，且与自然风的家具和闲置的杂物都能完美融合。

3.简易的置物架与书籍摆放在角落里，一花一物的点缀，看起来很养眼。

4.餐厨之间的垭口式设计，保证了用餐空间的采光充足，浅色调的墙漆也让居室看起来更加宽敞明亮。

亮点 Bright points
不可或缺的绿植
绿植无论摆放在什么位置，都能为居室增添无限的自然气息。

24
结构布局融入规划，动线更自由
亮点 Bright points
植物元素壁
干花制造的
画，艺术感
息都很浓郁
1

小家精心布置之处

1.餐厅以白色和木色为主色调，再搭配一些低明度的冷色，清爽简洁，十分符合北欧风格的色彩特点。

小户型居室在进行动线规划时，首先要考虑居住者的生活方式及行为习惯，其次是合理地融入空间的结构布局，充分利用结构特点做出有效规划，将餐厅、客厅、玄关、走廊等功能空间进行整合，尽量避免过多的空间切割，而让动线不流畅、视感零碎的情况发生。例如，在开放式的空间内，利用结构特点依墙放置餐桌，达成了拥有独立用餐区的心愿，又能预留走道动线，最重要的是不会形成空间浪费。

亮点 Bright points

实木线条

简单的直线条紧密排列，让走廊的设计更有延伸感。

2.实木线条装饰的墙面，让整体以白色为背景色的空间看起来更有层次感，简单的直线条也让走廊显得十分宽敞。

3.餐桌旁边摆放的两只坐墩介于餐厅与客厅之间，巧妙地服务于两个空间。

4.隐形门是室内设计的一个亮点，保证了小居室内墙面的整体感，餐厅与客厅之间没有任何间隔的设计也不显杂乱。

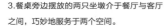

亮点 Bright points

黑镜

黑镜的点缀，让隐形门的美感倍增，也增强了门的存在感。

2 北欧 <风格
餐厅的色彩搭配

小面积的亮色，更具北欧韵味

北欧风格的经典留白

原木色为北欧风小餐厅增温

自然简朴的棕色

亮点 Bright points

绿色吊灯

吊灯的颜色是餐厅中装饰的一个亮点，为餐厅带来清爽的自然气息，简约的造型也更符合北欧风格灯具的设计特点。

亮点 Bright points

白色吊柜

吊柜选用白色，在小空间内不仅不会产生过分的压抑感，而且与居室内的色彩搭配更加和谐。

亮点 Bright points

双色餐桌椅

原木色的餐桌搭配黑色木质餐椅，色彩对比明快又不失厚重感，餐桌上摆放的绿植为最佳点缀。

亮点 Bright points
吊灯
吊灯的安装方式十分别致，明黄色的灯罩也成为一抹亮丽色彩。
1

25

小面积的亮色，更具北欧韵味

小空间的色彩运用通常是以浅色调作为背景色，在突出主题的位置运用一些明快的颜色会让空间显得更加特别，且具有很强的视觉冲击力。

小家精心布置之处

1.为了让小居室看起来更显宽敞明亮，室内整体以白色与浅木色为主色。

2.绿色桌布的点缀，是空间内较为亮眼的装饰，与干花搭配，自然淳朴的韵味油然而生。

3.餐厅的整体设计造型简洁大方，色彩搭配十分有跳跃感，搭配上喜欢的家具和装饰品，整个空间充满了生活情趣。

亮点 Bright points

创意玻璃吊灯

吊灯选用透明玻璃灯罩，搭配黑色金属灯臂，后现代感十足。

1

26

北欧风格的经典留白

白色作为一种经典配色，是一种实用又耐看的颜色，而且后期拓展性也比较强，有强大的包容性，可以与任何一种色彩进行搭配。在北欧风格居室中的使用率极高，如果犹豫墙面选择什么颜色，干脆就刷成白色，简单大方又不乏文艺感。

小家精心布置之处

1.客厅、餐厅在一条直线上，动线合理，整个公共区域视野开阔，设计简约，展现出北欧风格对简单生活的热爱。

2.餐边柜上随意摆放的装饰画与精致的小摆件，丰富了室内的情调，把餐厅装扮得亮丽多姿。

2

亮点 Bright points

花艺与玻璃

清爽淡雅的花草搭配上透明玻璃花瓶，给人的感觉清新又文艺。

3.玻璃隔断作为餐厅与玄关的中介，通透明亮，美观度高；家居中摆放绿植除了可以净化空气外，还能起到平衡视觉的作用，能为室内带来些许绿意和自然气息。

4.良好的采光，保证了用餐的舒适性，在阳光的沐浴下，尽显北欧风格生活的舒适与惬意。

亮点 Bright points

落地灯

落地灯的造型别致新颖，成为餐厅中不可或缺的装饰物品之一。

27

原木色为北欧风小餐厅增温

在规划北欧风格餐厅的色彩搭配时，可以将原木色体现在餐桌、边柜等木质家具中，以此来营造出一种悠闲舒适的风格特点。餐椅及其他配饰的色彩选择无论是优雅的灰色、清爽的绿色、淡雅的蓝色或者简单的白色，都能够与原木色相搭配，呈现出自然、清新而不失温馨感的氛围。

1

小家精心布置之处

1.原木色与绿色相搭配，让小餐厅的自然气息十分浓郁，也丰富了空间色彩层次。

2.餐厅的一侧墙面并没有被浪费，而是做成了储物用的收纳柜，量身定制与结构相契合，保证了整体的美观。

2

亮点 Bright points

官帽吊灯

多层官帽造型的吊灯，表面施以白色漆面，简洁明亮。

亮点 Bright points
壁柜
小吊柜使墙面空间得以利用，在其中放一些饰品或插花都很美观。
HOME
1

小家精心布置之处

1.原木饰面的餐桌保留了木材自然的纹理，加上其不俗的设计造型，与黑色餐椅组合运用，让小餐厅更加富有美感与层次感。

28 自然简朴的棕色

棕色总能让人联想到泥土、大地、自然、简朴，给人带来健康、可靠的感觉。在北欧风格居室内的棕色多以浅棕色为主，主要包括沙色、乳酪色和米色等。使用浅棕色和深色相搭配可以产生一个丰富的组合，色彩过渡和谐，整体色彩印象是温暖而质朴的，这里的深色可以是高级灰色、深褐色等。棕色与绿色的组合是非常具有泥土气息的，这种搭配手法更能展现北欧风的自然格调。

小家精心布置之处

1.餐厅墙面运用了一组摄影作品作为装饰，缓解了单一材质的单调感，也彰显了主人的生活乐趣。

1

亮点 Bright points
金属隔断
隔断保留了金属本色，坚固通透，增添了居室的时尚气息。
亮点 Bright points
组合装饰画
摄影作品组合陈列在墙面上，展现个人爱好，美化环境。
2

2.浅棕色调的壁纸搭配同色的沙发卡座，与黑色、灰色的餐桌椅搭配在一起，和谐且不乏层次感。

3.淡蓝色抱枕出现在这个色彩略显厚重的餐厅中，既美观又实用，为小餐厅带来一份清凉之感。

4.餐桌上方的长方形吊灯，极富时尚感，为用餐提供充足照明，结合顶面的暖色灯带，使整个餐厅的光影效果极具层次感，氛围也更温馨。

3 北欧 <风格
餐厅的材料应用

增添小空间趣味性的陶瓷锦砖

利用镜面让小餐厅更有扩张感

高性价比的木纤维壁纸

来自裸砖的质朴质感

亮点 Bright points

贝壳餐椅

贝壳椅的设计线条简洁流畅，圆润的造型更适合小空间使用。

亮点 Bright points

创意吊灯

时尚而富有创意的吊灯，无疑是餐厅装饰的亮点，为用餐提供充足的照明，还可以活跃氛围。

亮点 Bright points

金属砖

深灰色金属砖极富质感，打造出极具高级感的餐厅氛围。

陶瓷锦砖的体形小巧，色彩斑斓，装饰效果精致时尚，同时还能营造出斑驳的年代感。小餐厅中采用陶瓷锦砖作为装饰，可以给狭小的空间增添趣味性，随意的排布变化让空间充满想象力。北欧风格居室内采用陶瓷锦砖作为装饰，不宜大面积的运用，往往是局部点缀使用，铺装时应注意与墙面、地面、家具等颜色的搭配，色彩不宜过于厚重，局部可采用跳跃的色彩进行点缀，使空间更富有艺术感。

小家精心布置之处

1.大面积的浅灰色背景墙干净又整洁，与餐桌椅的搭配形成了对比，使小餐厅看起来简洁、明快、敞亮。

2.整墙的柜体在灯带的衬托下，有了轻盈之感。

3.量身定制的边柜，搭配上色彩斑斓的陶瓷锦砖，颜值得到提升，成为小餐厅中的一个亮点。

30 利用镜面让小餐厅更有扩张感

亮点 Bright points
鸟笼造型吊灯
吊灯良好的透光性
让用餐更舒适。

<1

<2

<3

小家精心布置之处

1.深色木饰面板搭配镜面，两种材质各具特色，让装饰效果更加丰富。

2.白色仓谷门为室内带来淳朴的自然气息，装饰效果极佳。

3.餐厅设立在室内的一角，延续了整体的简约设计风格，圆形白色餐桌搭配灰色布艺座椅，素雅整洁，餐桌上精致的餐具更显温馨雅致。

小面积的餐厅中对于镜子本身的造型没有太多要求，需要注意的是放置镜子时的角度问题。斜放的镜面可以拉升空间高度，适合层高较矮的房间；而整块运用或是直角运用就能成倍地加大空间视觉面积。此外还可以利用镜子的反射原理，将其他空间充足的光线引入到一些比较暗的房间里，以提升整个空间的亮度。

亮点 Bright points
组合灯饰
三顶官帽形吊灯水平排列，保证光线的充足。

小家精心布置之处

1.餐厅中大理石餐桌的纹理清晰自然，搭配深色餐椅，两者形成鲜明的对比，增添了餐厅的时尚感。

2.浅灰色板岩砖装饰的餐厅墙面，质感突出，高级灰色的色调，体现十足的美感。

3.黑色烤漆玻璃、灰色板岩砖、木质饰面板等材料装饰的餐厅墙面，色彩层次分明，材质搭配冷暖和谐，是餐厅设计的最大亮点。

亮点 Bright points
黑色烤漆玻璃
利用玻璃光滑的表面，能够减少压抑之感。

高性价比的木纤维壁纸

木纤维壁纸堪称壁纸中的极品，选用优质树种的天然纤维加工而成，具有良好的透气性与耐水性，相比价格昂贵的原木材料，性价比更高，精致的仿木纹纹理能为空间带来淳朴、自然的视感，装饰效果丝毫不逊色于木材。

小家精心布置之处

1.以浅咖啡色木纹理壁纸为背景色的餐厅，搭配深色家具，再点缀一点亮丽色彩，大气又精致；背景墙上的挂画让餐厅更加温馨。

亮点 Bright points

壁纸

木纹理的壁纸十分富有质感与暖意。

<2

亮点 Bright points

蝴蝶墙饰

金色的蝴蝶造型墙饰在黑镜的衬托下更有立体感与美感。

<3

2.餐厅与客厅之间的隔墙采用悬空式设计，保证了两个空间的独立性，又不显压抑，大胆地运用了黑色烤漆玻璃作为装饰，使室内色彩更有层次；下半部的半截矮墙还可以用来摆放一些工艺品，不仅丰富空间内容还提升了美感。

3.木质餐桌选择黑色漆面，沉稳的黑色为小餐厅注入了不容忽视的时尚感。

32 来自裸砖的质朴质感

亮点 Bright points
布艺吊灯
吊灯造型时尚，宛如艺术品般提升空间整体的装饰效果。

小家精心布置之处

1.浅色作为背景色贯穿整个餐厅，搭配简洁的家具，呈现出北欧居室的极简格调；灯光的映衬让墙面裸砖看起来更有层次感。

2.利用走廊的一侧墙面打造出的收纳层架，缓解了走廊的狭长感并为居室提供了更多的收纳空间。

3.裸砖装饰的餐厅墙面，采用工字形堆砌，极富层次感。

裸砖是一种极易营造居室韵味的装饰材料之一，砖块与砖块之间的缝隙可以呈现有别于一般装饰材料的光影层次，不管搭配什么颜色的填缝剂，都能给居室带来一种复古又摩登的视觉效果，能够点缀出北欧风格居室的质朴情怀。

<1

<2

小家精心布置之处

1.餐厅墙面以白色为背景色，搭配黄色线条的点缀勾勒，视觉效果明快。

2.磨砂玻璃作为玻璃推拉门的主材，既可保证私密性又不会使小空间产生封闭感。

3.餐厅除了一整面的白色作为背景色外，还利用了原木色地板为居室增温，缓解了白墙的单一感；餐桌椅的造型虽然简单，但极富质感，恰到好处的选色让用餐时光变得非常美妙。

亮点 Bright points
白漆与裸砖
砖体表面施以白漆，但是保留了斑驳的纹理，别具美感。
<3

4 北欧 <风格
餐厅的家具配饰

造型纤细的餐桌椅缓解小餐厅的局促感

利落的金属家具彰显北欧风的简洁美

利用家具的艺术造型提升美感

布艺与木材的结合，演绎北欧风的素雅与清新

亮点 Bright points

壁龛

壁龛的造型简约大方，随意摆放几本常看的书籍，让书成为室内最好的装饰品。

亮点 Bright points

布艺餐椅

餐椅的布艺饰面选择十分高级，搭配黑色木质框架，给人带来的视觉感受简约而雅致。

造型纤细的餐桌椅缓解小餐厅的局促感

亮点 Bright points
壁龛与杂货
壁龛上根据自己的喜好摆放一些小物件，丰富餐厅表情。

小家精心布置之处

1.黄色跳舞兰清爽而优雅，柔化了空间格调，提亮了空间的色彩层次。

2.白色木质壁龛上，精致的手办摆件，让空间更显活泼，充满童趣。

3.餐桌椅的造型简约纤细，撞色搭配的餐椅也成为餐厅装饰的一大亮点。

4.餐厅与客厅在同一直线上，动线分明，色彩搭配相互呼应，体现了空间整体搭配的协调感。

小餐厅在家具的选择上可以选择体量较小、造型简洁、框架纤细的餐桌椅或者是迷你餐桌。对于与客厅等其他功能分区的隔断，可以采用设计比较简洁的矮墙，这样区分客厅与餐厅，可以优化视觉效果。餐厅中的杯盘等物如果搭配不好，是十分影响整体感觉的，不仅会使房间显得凌乱，而且还不利于日常的使用。

34 利落的金属家具彰显北欧风的简洁美

亮点 Bright points
黑白装饰画
以斑马纹作为画品的主题，十分具有趣味性与时尚感。

小家精心布置之处

1.餐厅家具的设计造型简洁利落，搭配做旧的木质地板和富有特色的软装饰品，如黑白色调的装饰画、绿植花艺、原木材质的饰品，营造出北欧家居氛围。

北欧风格家具以简约著称，尤其是木作与金属结合的家具，具有后现代主义的特点，注重流畅的线条设计，也代表了一种时尚。金属与木作的结合，尊崇了北欧风格的原木韵味，结实耐用的金属支架，大大提高了产品本身的性价比，其简约纤细的设计造型也更符合小户型居室的选择。

2.餐厅利用墙体结构定制的边柜，弥补了结构缺陷，也满足了居室收纳需求。

3.白色木质饰面板装饰的墙面与玻璃推拉门形成呼应，体现了室内装饰选材的品质与层次感。

小家精心布置之处

1.厨房与餐厅共享同一空间，白色的橱柜设计简洁利落，让小空间的视觉感更加宽敞明亮。

2.金属与木材结合的餐桌椅，十分耐用，复古的柱腿式造型，淡雅的色调，为北欧风格居室增添了一份自然韵味。

亮点 Bright points

柱腿造型

柱腿式餐桌，精湛的工艺，结实耐用。

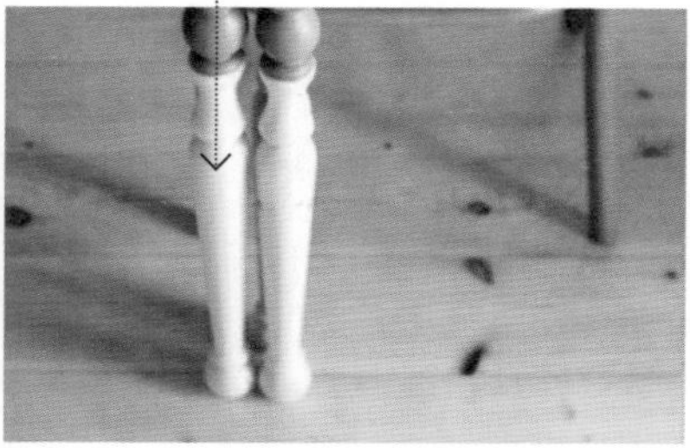

亮点 Bright points

缤纷的玻璃器皿

收纳层板的造型简单大方，整齐摆放的器皿成为空间中最好的装饰。

1

亮点 Bright points

搪瓷花器

极富田园意味的花器，斑驳复古，引人注目。

2

35

利用家具的艺术造型提升美感

现代北欧风格的家具以简练的抽象造型为主流，既拥有陈列美观性又拥有良好的功能性。优美的线条经过曲线与直线的完美过渡呈现出简约的美感。

亮点 Bright points
爵士白大理石
暖色灯带衬托下的大理石，纹理更清新，美感得到提升。
1

小家精心布置之处

1.贝壳椅的造型圆润可爱，餐桌上精美的花艺点缀得恰到好处，为小餐厅带来大自然的气息。

2.浅色的木地板作为餐厅与客厅的背景色，为灰色调的空间注入了自然的温存感，整体视感十分舒适，也十分符合北欧风格居室的选材特点。

亮点 Bright points
装饰硬包
直线条的硬包，立体感与时尚感并存，简约却不单调。
2

3.安放在空间一角的创意收纳架，以麋鹿为设计原型，搭配一株可爱的绿植，使居室显得格外惬意。

4.餐桌一旁原木材质的边柜，搭配两三饰品和一副色彩明快的装饰画，让这个角落更具艺术感。

5.手工编织的花器让植物更显清新搭配纤细的高脚杯和精致的餐具，提升了用餐品质与格调。

亮点 Bright points
羊毛地毯
羊毛地毯提升了客厅的舒适度与美感。

<1

36

布艺与木材的结合，演绎北欧风的素雅与清新

空间以柔软的布艺与温和的木材为主要材质，家具的布置使空间显得通透流畅，简单的绿色植物和陈设品为室内增添了一份灵动、素雅而清新的视觉感受，每一处细节都让人难忘，给人一种舒适温暖的感觉，展现了生活最本真的美好。

<2

<3

小家精心布置之处

1.空间给人的感觉宁静而温馨，多么自然的配色也抵不过自然元素的点缀，以自然元素贯穿整个空间，让室内整体格调更加统一。

2.灰绿色布艺坐垫搭配原木色餐桌，更具北欧风情。

3.搁板的造型带有一份田园格调，搭配几株可爱的绿植与精美摆件，让这个小角落显得趣味十足。

亮点 Bright points
石膏线
经过简化的复古纹样被用在石膏线上，为北欧风居室勾勒出淡淡的复古美。

小家精心布置之处

1.餐桌椅的实木框架颜色沉稳、红润，搭配上绿色的布艺饰面，古朴雅致中带有一丝清爽之美，让简约的北欧风格居室也有了一份复古韵味。

<1

5 北欧 <风格

餐厅的收纳规划

兼顾不同空间的多功能收纳柜

良好的收纳习惯减少餐桌覆盖率

可移动家具规划共享收纳区域

亮点 Bright points

定制边柜

根据空间布局量身打造的边柜，集收纳与展示功能于一身，无论是放置一些工艺品，还是日常就餐的餐具、酒品，都是不错的选择。

亮点 Bright points

封闭壁龛

壁龛采用封闭式设计，磨砂玻璃打造的柜门比木材更加通透，又能保证收藏的物品不外露，一举两得。

亮点 Bright points

地板上墙

局部墙面用地板进行装饰，纹理丰富，十分符合北欧风的选材特点，且与地板形成呼应，加深了居室内淳朴之感。

37

兼顾不同空间的多功能收纳柜

亮点 Bright points

复古挂钟

木质挂钟，自带一份悠远复古的古欧洲韵味。

1

2

餐厅与玄关相连时，首先应保证两个空间的色调统一，让两个空间看起来更具协调性。为体现整体美感，可以采用定制的边柜来满足两个区域的收纳需求，这样做的好处是兼顾了实用与装饰两大功能，在小面积的餐厅中十分实用。

3

小家精心布置之处

1.原木色作为餐厅的主色调，运用低饱和度的色彩，营造舒适安详、宁静致远的空间氛围。

2.木质边柜的纹理清晰，与地板和墙面背景色搭配协调，同时为餐厅提供了不可或缺的收纳空间。

3.餐厅与玄关相邻，定制的家具很大程度上释放了小空间中有限的面积。

38

良好的收纳习惯减少餐桌覆盖率

亮点 Bright points

钢化玻璃餐桌
餐桌简约的造型和通透的质感，不占据视线，让餐客共处更和谐。

<1

<2

餐桌上的物品过盛会直接导致餐桌覆盖率的增加，让餐厅看起来显得拥挤杂乱。合理控制餐桌的覆盖率应从良好的生活习惯做起，将纸巾盒、隔热垫、个人水杯以及热水壶、咖啡机等小型家电合理收纳在指定位置，可以有效减少餐桌的覆盖率，让小餐厅看起来更加整洁。有效做法是选择半封闭式的收纳柜或餐边柜，将经常使用的物品分类摆放，形成一目了然的有序收纳，达到易取、易存放的收纳目的，让小居室生活更有规律。

小家精心布置之处

1.将餐厅的部分墙面设计成收纳柜，用来摆放一些藏酒、艺术品，丰富空间内容的同时让餐厅装饰效果更加多样化。

2.餐厅整体给人的感觉干净又明快，餐桌椅的造型简约纤细，多元化的选材增添了室内的时尚感。

亮点 Bright points
木质收纳壁龛
原木材质打造的壁龛，收纳了主人喜爱的小物件，丰富了餐厅的装饰效果。
1

2

3

小家精心布置之处

1.餐厅整体配色以白色+木色+蓝色为主，白色的边柜设计得非常简洁大方，与蓝色墙面搭配在一起，清爽、干净；原木色的餐桌椅让餐厅显得更加自然质朴。

2.餐厅的收纳柜采用悬空式设计，再搭配上通透的玻璃与灯带，整体显得轻盈且不占据视觉。

3.木质纸巾盒、图案精致的餐垫、白净的餐盘，展现出北欧风格精致的生活品位。

39

可移动家具规划共享收纳区域

亮点 Bright points
置物架
结实又美观的置物架，可用来随意摆放一些生活杂物。

小家精心布置之处

1.小空间内，以浅色作为背景色，饰品、家具、装饰画等元素为空间注入丰富的色彩，也为北欧风格小家增添了热闹的气息。

小户型的餐厅内选用可以移动的收纳架或收纳车来摆放、展示，其不仅拥有惊艳的颜值，还可以随意移动到餐桌边、厨房和客厅各个角落，让生活更加便利。

2.可移动的收纳架，为小餐厅提供了收纳空间，在其中放置一些日常就餐的必需品，让用餐更显舒适、便利。

3.餐厅墙面木饰面板的颜色淡雅，辅以低饱和度的家具颜色，加上花艺、摆件、布艺等元素的点缀，给小家带来意想不到的装饰效果，让居室的每一处都充满了安静的气氛。

第 3 章

卧 室

1 北欧 <风格 卧室的布局规划

材质保持一致，让规划更有整体感

良好的结构布局，释放小卧室面积

利用定制家具规划卧室布局

利用家具在卧室开辟出休闲角落

亮点 Bright points

布艺帘

室内采用布艺帘作为睡眠区与待客区的间隔，灵活还不会占用太多空间，同时大大降低了装修造价。

亮点 Bright points

壁龛

墙面设计出一个小型壁龛，可以用来摆放一些日常阅读的书籍或是喜爱的饰品摆件，丰富卧室装饰内容。

亮点 Bright points

磨砂玻璃间隔

采用推拉门作为空间间隔，半通透的磨砂玻璃是间隔的首选材料之一，在保证私密性的同时还有一份朦胧的美感。

40 材质保持一致，让规划更有整体感

亮点 Bright points
菠萝格原木
菠萝格木材装饰墙面，温馨自然。
1

2

小家精心布置之处

1.卧室以白色与原木色为主，定制的床头墙面与隔断书架既提升了空间的层次感，又满足了床边储物需求。

2.在层架隔断上摆放的书籍，可满足日常阅读需求。

3.隐形的柜体是室内设计的亮点，可以满足整家人的衣物收纳需求。

3

良好的结构布局，释放小卧室面积

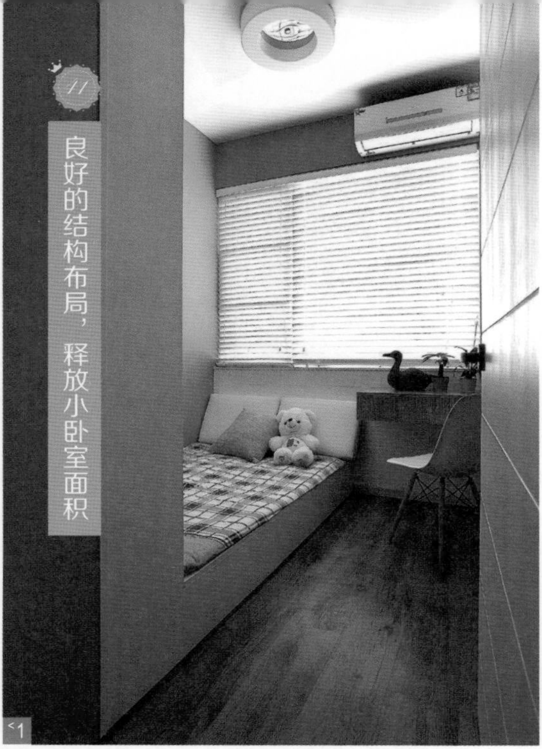
<1

小家精心布置之处

1.灵活的百叶窗，让小卧室的采光更加舒适，兼顾了功能性与美观性。

亮点 Bright points
铝制百叶
白色的铝制百叶，可以随意调节光线。
<2

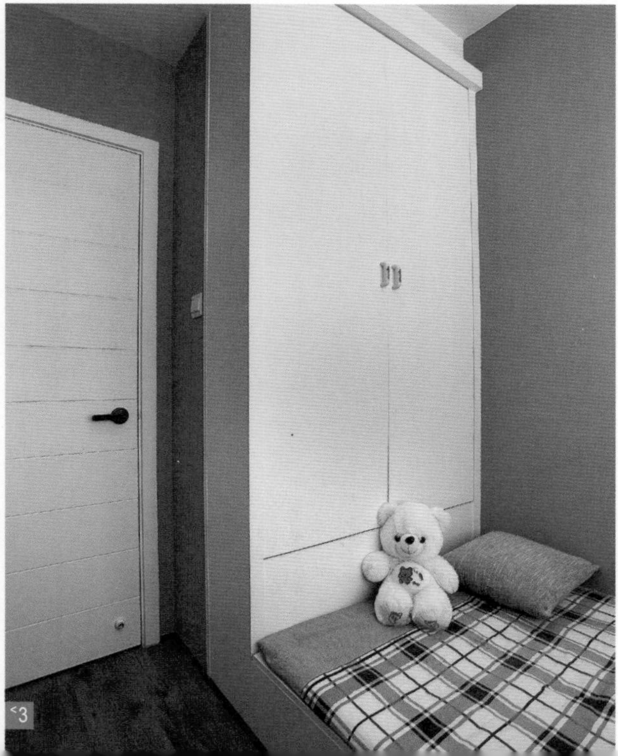
<3

2.窗帘选用透光性较好的百叶窗，靠窗摆放的一张书桌，在书桌上摆放喜欢的玩具摆件及绿植再合适不过。

3.利用结构布局打造的衣柜及榻榻米，保证了卧室的基本功能，也使小空间更加整洁有序。

42

利用定制家具规划卧室布局

亮点 Bright points

收纳柜

收纳柜的造型简单，柜体不需要太深，伸手就可以碰到最里面的位置即可。

<1

<2

小家精心布置之处

1.卧室以白色、灰色、黑色为主，舒适的床品、简约的家具搭配在一起，质朴而和谐。

2.利用灰色调的深浅过渡，将现代北欧风格居室的特点发挥得淋漓尽致。

3.量身定制的衣柜搭配简约的收纳柜，弥补了卧室的结构缺陷，同时也让居室的收纳系统更加完善。

量身定制的衣柜最大的优点是储物空间大，还可以节省室内空间，可以根据户型结构布局进行随心所欲地定制样式，还能将布局缺陷隐藏其中。需要注意的是在进行装修时应严格预留衣柜的位置、尺寸；如果没有留位置，也可以在装修时做假墙来制做衣柜。

<3

43 利用家具在卧室开辟出休闲角落

亮点 Bright points
原木色地板
原木色的地板质感温润，衬托出室内的北欧氛围。
1

进行卧室布局规划时，可以通过家具的布置规划来改变传统卧室墙面的设计方式。例如，用简单的搁板与书桌在房间内开辟出一个用于学习与阅读的小角落，让个人空间的功能更加丰富；也可以利用入门处的结构布局量身定制一个收纳柜，大胆地将电视安装在柜体内，既有收纳衣物的功能，也满足了观影需求。

小家精心布置之处

1.将电视隐藏在收纳层板中并设置在卧室的入门处，节省空间，而且在卧室中设立电视，用来学习或是娱乐都很方便。

亮点 Bright points
增添色彩层次的椅子
椅子的木质框架被涂刷成黑色，搭配淡绿色的布艺饰面，色彩搭配层次分明，休闲舒适感倍增。

亮点 *Bright points*

遮光百叶

刷白处理的百叶帘美感度得到提升，灵活不占据空间，更适合小卧室使用。

2.卧室墙面上浅下深的设计，让空间重心更稳定，上半部分的纯白色墙漆整洁、明朗，下部分的护墙板选择黑色漆面，若隐若现的木质纹理，使简单的搭配更具美感。

3.铁件与木作组成的搁板，材质与颜色的双重对比，将工业风的原始美感融入北欧风格居室中，别有一番韵味。

2 北欧 <风格 卧室的色彩搭配

白色+木色+高明度色彩

中性色彩的点缀运用

马卡龙色系的浪漫气息

原木色的温润感，演绎北欧风居室魅力

亮点 Bright points

深蓝色床品

在以白色为主色调的小卧室中，床品颜色的选择显得十分重要，柔软的深蓝色纯棉床品为居室增添了厚重感，更显安逸与静谧。

亮点 Bright points

浅米色软包

浅米色软包柔软又温馨，与绿色、深棕色相互调和，让卧室的整体色彩更有层次，清爽又不失暖意。

亮点 Bright points

绿色调的运用

与蓝色一样，绿色在北欧风格居室内有着不能替代的地位，在以白色、木色或茶色为主色调的空间内，适当的融入绿色，都能为居室带来意想不到的美感与自然氛围。

44 白色+木色+高明度色彩

亮点 Bright points

布艺床品

布艺元素给人柔软舒适的触感，精美的卡通图案格外可爱。

1

2

北欧风格居室内多以白色和原木色进行组合，原木色主要通过木质家具、木地板、木饰面板等元素呈现出来，能够衬托出悠闲的风格特点；再充分利用白色的包容性、扩张性来增添空间的洁净感。少量的亮色是北欧风格居室内不可或缺的点缀，可以有效地为空间增添跳跃感，同时与自然的原木色色温相符，既能延伸出丰富的色彩层次感，又不会显得过于突兀。

小家精心布置之处

1.整个空间给人的感觉非常素雅，白色的背景色搭配浅色调的原木地板，自然而和谐。

2.桌椅明黄色的点缀，让卧室的整体色彩更显活泼。

3.以白色为主的空间内，原木地板增添了整个空间的自然气息，清新的纹理更显温柔、雅致。

3

45

中性色彩的点缀运用

<1

小家精心布置之处

1.床头以造型简洁的边几来代替床头柜，用来放置睡前读物，十分实用。

<2

2.床头绿植、装饰画形成呼应，丰富了卧室的色彩氛围，增添了无限的自然韵味。

<3

3.卧室床头墙面选用素色乳胶漆作为装饰，使卧室的氛围更显宁静、安逸。

北欧风格居室内多以绿色、青色、青绿色、黄绿色或茶绿色等中性色彩来作为原木色或白色的配色，因为原木色与绿色同属于低饱和度、中明度的色相，两者搭配在一起尽显自然和谐。

亮点 Bright points
实木地板
烟熏色的实木地板，自然质朴，木纹理层次更分明。
<4

4.地板是室内装饰的亮点，搭配素色的墙面和素雅的布艺床品，营造了舒适温馨的睡眠氛围。

亮点 Bright points
字母玩偶
马卡龙色调的
赋予室内丰富的
层次，带来童

1

46

马卡龙色系的浪漫气息

马卡龙色运用最多的地方就是儿童房了，这类色彩的氛围非常适合孩子天真活泼的性格，给孩子打造了一个充满糖果气息的童话故事。北欧风格居室内的马卡龙色主要体现在一些小体量的装饰品中，只需要一点色彩点缀，就能让整个房间活跃起来，点亮生活色彩，增添小空间的趣味性。

小家精心布置之处

1.良好的采光，让卧室非常通透敞亮，灵活的百叶保证室内采光的舒适性；白色墙漆搭配原木色护墙板，几乎没有任何复杂烦琐的装饰，还有随意摆放在墙角的装饰画，室内的一切搭配都显得十分自然，让小卧室看起来更加自然随性。

2

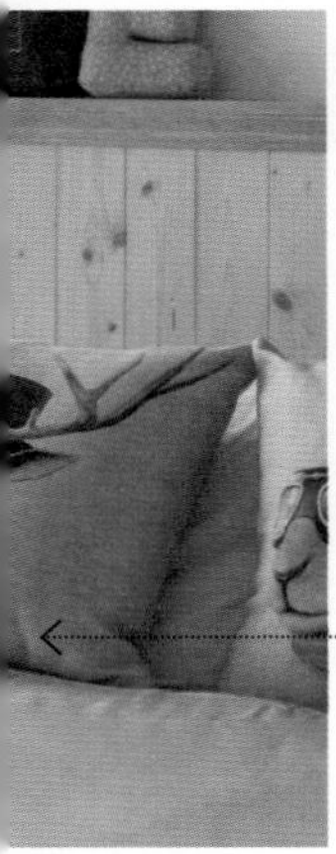

亮点 *Bright points*

布艺抱枕

酷酷的鹿先生图案抱枕，让卧室的北欧风满满。

2.字母玩偶与台灯的颜色选择了甜美的马卡龙色调，提升幸福感，让小卧室充满了浪漫氛围。

47

原木色的温润感，演绎北欧风居室魅力

小家精心布置之处

1.床头两侧对称摆放的床头柜，造型别致，胡桃木色的材质倍感温和淳朴；床头墙面没有多余复杂的装饰，一幅装饰画的点缀，让小卧室艺术感十足。

卧室是人们休息的重要场所，在色彩搭配上不仅应有利于人们的睡眠，还应能烘托出空间整体环境的氛围。在北欧风的卧室中原木色的地位毋庸置疑，其表达着质朴、温润、简约的风格特点。在使用原木色作为小卧室主题色时，宜选用低纯度、高明度的浅冷色调与之相配，以求在视觉上达到冷暖结合，因为浅色可以衬托原木色元素的质感与视感，让主题色更明确，给人带来舒适、安心的感觉。

亮点 Bright points
大雁造型墙饰
象征忠贞爱情的大雁
被用在墙饰上，很适
合用在婚房中。
<3

<2

2.整个卧室以白色、灰色系为主，舒适的床品，良好的采光，色彩淡雅的窗帘，在阳光的映衬下显得十分轻柔，营造出轻松慵懒的氛围。

3.依墙而立的斗柜并没有浪费太多空间就为卧室增添了收纳储物空间，同时又具有装饰效果。

3 北欧 <风格
卧室的材料应用

利用木材装饰墙面，暖意更浓

利用材质触感与质感营造卧室温馨氛围

图案清晰的纯纸壁纸

环保健康的天然无纺布壁纸

亮点 Bright points

硅藻泥墙漆

硅藻泥的表面富有立体感，极佳的质感与环保性能，深受大众喜爱。

亮点 Bright points

乳胶漆

墙面乳胶漆选择淡淡的灰白色，为居室营造出安逸舒适的氛围。

亮点 Bright points

板式单人床

平板床的造型简洁大方，不占据空间，深胡桃木色沉稳低调，为小居室增添了厚重感。

利用木材装饰墙面，暖意更浓

亮点 Bright points

创意灯饰

三角形的吊灯，悬挂于床头，兼备照明与装饰。

<1

小家精心布置之处

1.木质线条装饰的卧室墙面，自然的纹理，温润的色泽，为卧室增添了无限暖意。

2.卧室家具的设计简洁大方，以白色、深灰色为主，色彩对比明快，搭配背景墙的木质线条，使整体设计更有线条感。

亮点 Bright points

蝴蝶兰

窗台上摆放一盆盛开的蝴蝶兰，看似随意，却能起到意想不到的装饰效果。

<2

亮点 Bright points

书与艺术品

床头柜上不仅可以摆放艺术品点缀空间，随手放置的几本书也很有生活气息。

在当今的居室装饰设计中，地板已经不仅限于用来装饰地面，也可以用来装饰墙面，在现代、北欧等风格居室中是一种十分常见的装饰手法。木材温润的触感及丰富的纹理，能为卧室增添暖意，也让简约的墙面更有设计感。

19

利用材质触感与质感营造卧室温馨氛围

亮点 Bright points

鱼骨造型地板
地板采用鱼骨造型进行拼贴，极富北欧情调。

<1

<2

<3

织物、地毯、木材、藤质物品等具有保温效果的材料，能使人感觉到温暖，让空间氛围更加温馨、舒适。在卧室中采用暗色调的暖性材质进行装饰，能够促进睡眠。

小家精心布置之处

1.卧室的设计非常注重功能性与美观性，利用绿色单人座椅的点缀，营造清爽的视觉感受。

2.小卧室内利用钢化玻璃作为浴室与卧室的间隔，利用其通透性减少压迫感。

3.利用墙体结构打造的壁龛，美观实用，为小空间增添了美感与收纳功能。

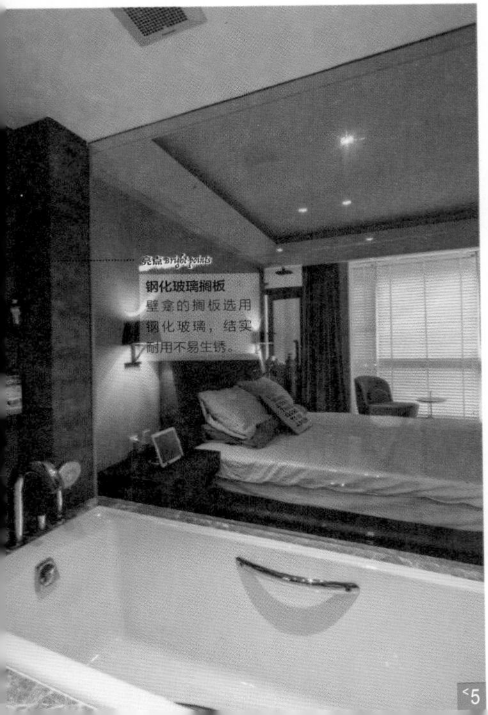

4.采光良好的卧室内，灵活的百叶窗让采光更加自如，搭配原木色的地板和深色的家具，将北欧风情的简约与时尚进行到底。

5.小浴室内利用墙贴的结构打造的壁龛，让小空间的收纳更自如，拿取物品更加便利。

6.床头对称的壁灯，光线柔和提高空间舒适度。

50 图案清晰的纯纸壁纸

亮点 Bright poin
复古铁艺床
结实耐用的
型很有工业
情调。

纯纸壁纸不含化学成分，主要以草、树皮为主料，有施工方便，不易翘边，环保性能高，透气性好的优点。纯纸壁纸的色彩丰富，图案清晰细腻，选用纯纸壁纸装饰墙面，应注意不要在空气环境潮湿的空间中使用，因为纯纸壁纸的收缩性较大，不耐水。北欧风格的卧室内选用纯纸壁纸装饰墙面，可以根据顶面及地面的选材及配色来作为参考，通常以横竖条纹或几何图案居多，以彰显简洁、大方的风格特点。

小家精心布置之处

1.复古的铁艺床为北欧风格小卧室带入了一份工业时代的原始美感；几何图案的壁纸装饰了卧室的主题墙，丰富的色彩十分具有复古感；实木地板在阳光的映衬下，纹理格外清晰，温润质朴的色调将北欧风格的腔调表现得淋漓尽致。

2.在卧室的一角放置一张书桌、一把椅子，就可以用来学习或阅读了；飘窗是卧室中最美妙的存在，曼妙的白纱让整个居室都洋溢着慵懒而惬意的气息。

3.绢花是一种美观度与性价比都极高的装饰品，在卧室的床头柜上摆放一束自己喜爱的绢花，也是一种令人心情愉悦的做法。

51
环保健康的天然无纺布壁纸
亮点 Bright points
定制衣橱
定制的衣柜非常符合卧室的结构特点，为小卧室节省了空间。

<1

<2

小家精心布置之处

1.浅色壁纸搭配白色衣柜，让小卧室呈现的视觉效果整洁、干净、明朗；精美舒适的布艺床品是优质睡眠的基本保障，也是美化卧室不可或缺的元素之一。

2.墙面饰面板与地板的颜色属于同一色系，色彩与材质彼此呼应，颜色的选择给人以厚重感，也让整个居室充满了自然气息；床头两侧对称悬挂的吊灯，造型新颖别致，明亮通透，使整个卧室的氛围更温馨。

天然无纺布壁纸以棉、麻等天然植物纤维为原材料制作而成，健康环保、透气性强、色彩柔和、柔韧性好。素雅的色调能够营造出卧室恬静、温馨的空间氛围。在选择无纺布壁纸时可以通过燃烧的方式来辨别产品的属性，天然无纺布壁纸燃烧时火焰明亮，没有异味，而人造纤维的无纺布壁纸火焰颜色比较浅，燃烧过程中会有刺鼻的气味产生。

亮点 Bright points

布艺

孔雀绿的布艺床品，搭配几何图案的布艺抱枕，让卧室的床品搭配十分有层次感与美感。

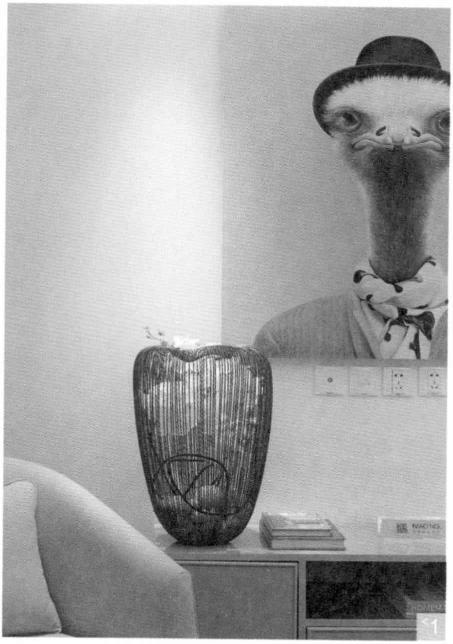

<1

小家精心布置之处

1.木质边柜的色彩十分跳跃，搭配充满创意的画品与饰品，营造出空间的时尚感。

2.卧室的整体设计简约明快，利用白色与其他色调的对比，体现了北欧风格居室追求简单、清爽的风格特点。

亮点 Bright points

墙饰

墙饰的点缀能够缓解墙面设计的单调之感。

<2

4 北欧 <风格 卧室的家具配饰

简洁造型的家具增强小空间的舒适性

小空间的家具布置应注重功能性

小卧室家具以质精量少为首要搭配原则

可移动型家具，增添空间弹性

亮点 Bright points

浅色木地板

卧室床头墙选用深色，是一种十分大胆的做法，为居室营造出时尚沉稳的格调，浅色木地板与墙漆的搭配，缓解了一部分压抑之感，让居室的整体感觉更加和谐。

亮点 Bright points

白色调墙漆

白色调的墙漆，十分富有极简韵味。

亮点 Bright points

入墙式衣柜

实木材质衣柜被嵌入墙体，设计造型简洁大方，利用空间结构特点，保证收纳与美观的双重需求。

52

简洁造型的家具增强小空间的舒适性

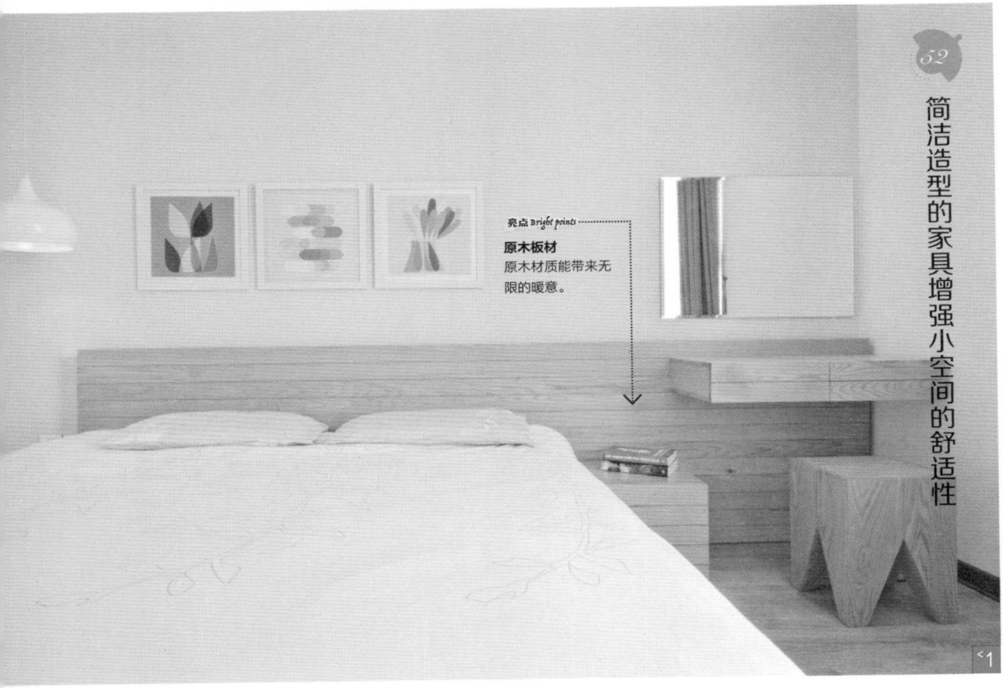

亮点 Bright points

原木板材

原木材质能带来无限的暖意。

<1

亮点 Bright points

三联装饰画

三联装饰画，色彩柔和，让简约的墙面增添了美感。

小家精心布置之处

1.卧室的设计十分注重空间的功能性与美观性，家具与硬装的搭配相互呼应，简约的家具造型，满足了卧室的基本使用功能。

2.床头柜的造型简洁时尚，放置几本喜欢的书籍，让睡前阅读更加方便。

布置小卧室时，家具的样式应尽量以简洁大方的造型为主，同时需考虑家具的布置与硬装环境的协调性，确保小空间不产生凌乱感。

<2

53

小空间的家具布置应注重功能性

1

小家精心布置之处

1.卧室的整体设计简洁，搭配舒适，柔软而宽大的双人床，加上良好的采光，非常温馨。

2.放置在窗边的书桌，搭配字母装饰画，彰显着北欧风的艺术情怀。

3.蓝色绣球花搭配白色搪瓷花器，点缀出室内一抹亮丽的色彩与温馨情调。

2

3

在卧室兼备书房的情况下，家具的选择应尽量注重功能性而非装饰性。可以选择设计简约的床、书桌、座椅来保证小空间的基本功能，若空间允许，还可以选择一些造型纤细、不占空间的小型家具进行点缀与辅助，以此提高居室居住的舒适度。

亮点 Bright points
遮光窗帘
浅米色调的布艺窗帘简洁中流露出柔和的美感。

亮点 Bright points
照片
用自己的写真作为墙面装饰，表达出积极向上的自信态度。
<4

4.卧室的设计搭配十分精致，原木色的床头凳除了可以放置花枝和小摆件外，还可以摆放一些日用品，既美观又实用。

5.绿植与干花遥相呼应，让简约的室内搭配更加饱满和谐。

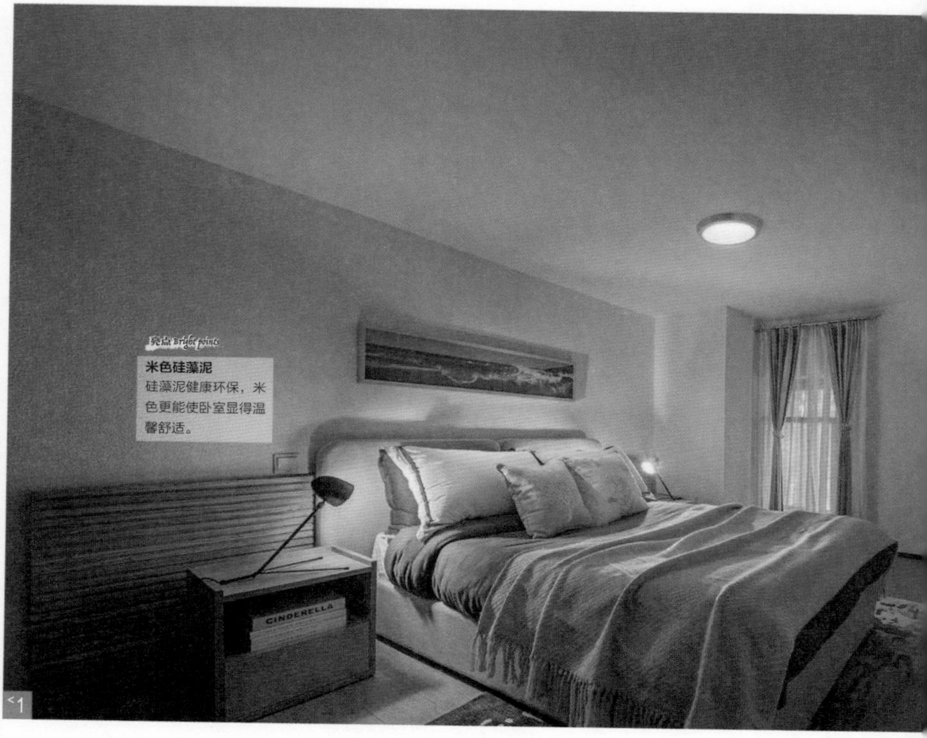
亮点 Bright points
米色硅藻泥
硅藻泥健康环保，米色更能使卧室显得温馨舒适。
CINDERELLA
1

54

小卧室家具以质精量少为首要搭配原则

小户型居室的家具应尽量以轻薄、便于移动为主，以注重功能性为首要原则，既是无论客厅、餐厅还是卧室，都应只选择必要的家具，舍弃不必要的家具，以争取更多的实用面积，尽量释放地面空间，使开放空间看起来更舒适。此外，家具的功能性与搭配的协调性也能让空间发挥更大的作用，让开放式的小空间更有整体感。

小家精心布置之处

1.卧室一派返璞归真的景象，米白色与原木色搭配的空间，简约而温馨；卧室的窗户不大，灯光的组合显得十分用心，白色的光线与米色背景完美组合，整体氛围十分舒适。

2.简易的搁板代替了复杂的电视柜，删繁就简的搭配方式，简单舒适，功能性突出。

2

3

4

3.一组木质线条的组合，让简约的墙面设计看起来更有层次感，映衬在灯光下质感也更突出。

4.小柜子中三三两两摆放的小杂货，无声中展现出主人童真的一面，一株可爱的绿植为小卧室带来反璞归真的大自然气息。

可移动型家具，增添空间弹性

在房间布局合理的情况下，小卧室的家具配备宜选择灵活可移动的单品家具。单品家具可以根据实际需求添加、减少抑或是更换位置，满足不同需求的同时让小空间的使用更有弹性。

亮点 Bright po
创意墙饰
墙饰的选
然，充分
的乐趣与
1

小家精心布置之处

1.小卧室以白色和绿色作为空间的主色调，清爽、自然之感不言而喻，大面积地运用白色，也让小卧室看起来十分宽敞、明亮；干枝制作的墙饰与白色墙面彼此衬托，一个细腻，一个粗犷，鲜明的对比却是室内最亮眼的装饰。

亮点 Bright points
布艺窗帘
窗帘的颜色与地毯、椅子形成呼应，白绿搭配更显清爽。
hello
LOVELY

2.软木地板是脚感最好的地面材质，搭配一张柔软的毛绒地毯，其颜色与窗帘的颜色相呼应，丰富了地面色彩。

3.在卧室的一侧放置一张书桌和一把椅子，既能用来学习又可以当作梳妆台，将小空间的功能发挥到极致；椅子的设计造型十分新颖独特，颜色与地毯、窗帘、台灯形成呼应，非常符合北欧风格崇尚自然的配色理念。

5 北欧 <风格

卧室的收纳规划

搁板增添墙面功能，减少空间浪费

合理规划物品，提升共享空间的舒适度

整墙式衣橱，承担更多收纳需求

亮点 Bright points

收纳层板

将书柜延伸至睡眠区，将其设计成简单的搁板，用来摆放一些小饰品或经常使用的生活杂物，是个不错的规划。

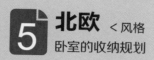

亮点 Bright points

布艺窗帘

窗帘的材质稍显厚重，但却保证了卧室的私密性与遮光性，提升了卧室的舒适性，让睡眠更安心。

亮点 Bright points

飘窗下的收纳抽屉

将飘窗下方规划成用来收纳衣物的抽屉，既不影响室内的美观，还能让小居室的空间得到更多的利用。

56
搁板增添墙面功能，减少空间浪费
亮点 Bright points
坐墩
布艺坐墩既能用来充当床头柜，摆放各种物品，还能用来待客。
<1

小家精心布置之处

1.定制的家具最大程度上释放了卧室的实用面积，也提升了空间的储物功能。

2.搁板与家具采用同种材质，体现搭配的整体性。

3.白色门板与墙面颜色相同，搭配原木家具，和谐舒适。

小卧室中墙面使用搁板来作为展示空间，把收集的小物件、家人的照片、植物盆栽、装饰画，甚至是自己钟爱的手工艺品放在上面，都极具装饰效果。此外，家里难免会有一些放不下柜中、空着又可惜的边角地带，若在这些地方装上几块搁板，用来收纳日用品，或是摆放装饰品，都能起到很好的装饰效果。北欧风格居室内的搁板多保留了原木本身的色彩及纹理，其本身也是一处极具装饰性的风景。

<2

<3

57

合理规划物品，提升共享空间的舒适度

当卧室与书房处于同一空间中时，可通过将户型特点结合定制家具的装修手法，充分利用空间，以满足空间的收纳需求。采取特定区域使用特定收纳的思维方式，依照日常的生活习惯，将所有收纳工作在特定区域内完成，让紧凑的空间变得井然有序。同时还可以通过整合功能和隐藏式收纳，化解物品分散所产生的凌乱感。家具造型可以采用一物多用的设计方式，既节省空间，又方便拿取物品。

小家精心布置之处

1.墙面的搁板设计与书桌保持一致体现了定制家具的整体美观性。

2.开放式的衣橱充分利用了户型结的特点，功能性与装饰性并存。

3.卧室的无吊顶设计，使整个空间现简约大方的视感；搭配量身定制家具，让整体的收纳更加方便，也小空间的利用率达到极致。

1

2

亮点 Bright points
水晶灯
水晶灯造型简约，却不失梦幻华丽之感。

3

亮点 Bright points

布艺抱枕

经典花色的抱枕，图案精美，颜色丰富，性价比很高。

小家精心布置之处

1.飘窗上放置的满天星，在阳光的沐浴下，呈现出一派田园风的生机勃勃与浪漫之情。

2.慵懒的原木风格能让人彻底地释放压力，飘窗的运用增加了空间的美感，格子图案的床品、黄色与蓝色组成的窗帘，让整个卧室都散发着自由与安逸的气息。

58

整墙式衣橱，承担更多收纳需求

亮点 Bright points
收纳层板
墙面设计的开放层板，轻松将小卧室化身书房。

1

狭长的屋形在进行规划时，为保证空间动线的通畅，可以将一侧墙面设计成封闭式衣橱，大面积的衣橱可以满足日常衣物的收纳需求，还可以缓解空间的狭长感，一举两得。

小家精心布置之处

1.在卧室中规划了读书一角，墙面规划出的层板化身书柜，在强化小空间功能性的同时也兼顾了美观性。

2.衣橱的隐形门板设计得十分精妙，视感简洁利落。

3.定制的柜体从卧室延伸至走廊，大大增加了小居室的储物空间。

2

3

第 4 章

书 房

1 北欧 < 风格 书房的布局规划

可移动的推拉门，让阳台化身独立书房

利用定制家具弥补户型结构不足

利用书桌、书柜等家具规划布局

亮点 Bright points

书桌

依窗而设的书桌是书房中的主角，桌面的白色与座椅、书柜的深色形成鲜明对比，呈现出北欧风格居室的明快与和谐氛围。

亮点 Bright points

休闲一角

利用飘窗在居室内打造一处休闲角落，工作学习之余用来休息小憩，轻飘曼妙的窗纱透过阳光更显安逸与舒适。

亮点 Bright points

实木书桌

一张简约的书桌搭配一把舒适的椅子，为小卧室提供一处用于学习或阅读的地方。

59
可移动的推拉门，让阳台化身独立书房
亮点 Bright points
移动壁灯
壁灯超长的灯臂，可以灵活移动，功能性更佳。
1

在将阳台改造成独立书房时，若担心卧室内的采光受到影响，最好选择可折叠的玻璃推拉门，充分利用折叠门的灵活性与玻璃的通透性，保证了空间区域的完美分隔，还不会影响居室内的采光与美观度。若想提升美观度、舒适度与私密性，可以根据居室内风格的特点及配色来选择搭配一组布艺窗帘进行修饰。

2

小家精心布置之处

1.小居室内，将阳台改为书房，采用玻璃推拉门搭配布艺窗帘以保证两个区域的舒适性。

2.小书房内的家具造型十分简洁，充满创意的休闲椅是整体家具搭配的亮点，为书房打造出一处休闲小憩的安逸角落。

60

利用定制家具弥补户型结构不足

定制家具最大的优点是可以弥补户型结构不足，对提高空间利用率有很大的帮助。尤其是针对小面积的不规则户型，更需重视格局规划，通过利用定制类家具，让每一寸空间都发挥极致，减少不必要的闲置与浪费，从而达到隐藏缺陷布局与弱化空间局促感的目的，让小空间功能性更全面，开阔性更好。

小家精心布置之处

1.隐形门让小空间看起来更有设计感，门板的颜色与墙漆保持一致，是室内整体设计中最具有活力的地方。

2.横梁的运用缓解了层高过高的尴尬，利用定制家具让空间的整体布局更加和谐，也增添了更多的收纳储物空间。

1

亮点 Bright points

粗木横梁

横梁不经任何修饰，其粗糙的质感是最具魅力之处。

2

<3

<4

亮点 Bright points

木书桌与木地板

木质书桌与地板的颜色保持一致，淳朴而富有质感。

3.壁龛充当了室内的书架，可根据日常使用习惯摆放书籍及物品，同时也起到了极佳的装饰效果。

4.靠窗摆放的书桌，纤细的设计造型，大大节省了空间的实用面积，释放了更多的地面空间，让空间看起来更加开阔；绿植的点缀，让书房平添了自然气息。

<5

5.大面积的柜体选择了白色，在避免产生压抑感的同时，还为原本的小空间增添了更多的收纳空间。

61

利用书桌、书柜等家具规划布局

ROCKY
Arietta
亮点 Bright points
木纹理地砖
选择木纹砖代替地板，耐磨度更高。

<1

小家精心布置之处

1.阳台改造的小书房，在面积很小的情况下可省去间隔，利用开放式的垭口式设计就可避免小空间的封闭感；铺装的竖纹理地砖也在视觉上有了一定的延伸感，可使小书房看起来更显宽敞、明亮。

为了在小户型空间中拥有专属的书房，能够专注安静地进行工作与学习，针对书房的规划可以考虑摒除一切实体性的空间界定，利用设计手法及材质在视觉上的区别完成无形的空间界定，消除过多分区导致的零碎感，为小居室争取更多的空间利用率，也让小空间看起来更加简洁、敞亮。

<2

2.利用书桌上方的墙面来规划小书房的收纳，做个简单的搁板，没有浪费任何空间却有着不容小觑的作用，搁板与书桌的材料保持一致，让小书房的搭配设计更舒适和谐。

亮点 Bright points
用来展示藏品的搁板
在开放的展示架上陈列自己喜爱的藏品，是一件很幸福的事。
ALVIN
LMY

小家精心布置之处

1.整墙都采用浅色木饰面板作为装饰，与收纳柜形成一体，既增加了收纳空间又在视觉上形成无与伦比的整体感，一举两得。

2.开放式的小书房没有设立任何间隔，与其他空间的设计连为一体，将每一寸空间都利用到极致。

3.良好的采光是保证空间舒适性的首要因素，大量的木质元素在阳光的照射下，质感更显温和，纹理也更有层次，更加突显了北欧风格对木材的钟爱之情。

ALVIN
LMY

2 北欧 < 风格

书房的色彩搭配

深浅两色的合理配比，让书房更舒适

适当的绿色，营造宁静的阅读氛围

丰富空间色彩层次的软装元素

亮点 Bright points

白色+木色+亮色

以白色为主色调的书房显得十分干净整洁，原木色的地板保证了空间的暖意与舒适感，窗帘、抱枕、座椅、收纳盒等软装元素的颜色明快且不失柔和质感，营造的书房空间活泼而安逸。

亮点 Bright points

冷色的静谧之感

书房背景墙选用冷色调的乳胶漆作为装饰，让空间的整体氛围感觉更加安静，有助于学习与工作。

亮点 Bright points

彩色布艺床品

书房与客卧相结合，布艺床品就成为居室内最好的色彩点缀。

62

深浅两色的合理配比，让书房更舒适

亮点 Bright points

悬空收纳柜

收纳柜根据结构打造，悬空的柜体可带来视觉上的轻盈感。

1

2

小家精心布置之处

1.书房整体以茶色与白色为主色调，两者形成明快的深浅对比，营造出的氛围和谐而舒适。

2.简约的白色搁板淡化了书柜的体量感，使书房整体视感整洁干净。

3.绿色地毯的装饰，可以舒缓工作与学习的劳累感，也让室内色彩的搭配更显层次感。

小空间内深色调的使用比例不宜过高，深浅配比可控制在2:8或3:7，这样可以让空间看起来更加宽敞，让居室与使用的舒适感更佳。在北欧风格的书房内，可以选用白色作为整个书房的主色调，如家具、墙面等选用白色，利用白色的扩张感提升些许明度，以减少压迫、局促之感。

3

亮点 Bright points
台灯
台灯的设计极富后现代美感。
亮点 Bright points
布艺窗帘
窗帘的颜色选择很成功，与居室搭配和谐，看起来十分自然。
<1

63 适当的绿色，营造宁静的阅读氛围

<2

<3

小家精心布置之处

1.书房整体以白色和木色为主要配色，孔雀绿的布艺窗帘、彩色布艺单人椅的点缀，整个空间看起来清爽宜人、精致活泼。

2.书房的设计亮点在于家具搭配的整体性，墙面长方形的搁板，造型简约别致，与定制的书桌融为一体，增加空间质感。

3.书桌上摆放的简约插花，造型别致清爽。

将青色、青绿色、绿色等中性色作为北欧风格书房的辅助色或点缀色，能给人带来一种和睦、宁静、自然的感觉。在运用时可与灰色、白色或棕色进行搭配，它们可以使小书房空间看起来更加整洁有序。

<1

<2

小家精心布置之处

1.书房空间采用深色木质垭口作为与其他空间的中介，保证空间开阔性的同时也弱化了室内的压抑感，使空间的整体设计更加和谐。

2.悬空式的搁板样式简洁大方，直线条的框架提升了墙面的造型效果。

3.书房利用结构特点增加了收纳空间，也弥补了结构缺陷。

亮点 Bright points

工艺品画

工艺精湛的画品，装点出别样的艺术情怀。

亮点 Bright points

地毯

书桌下放置地毯，舒适度更佳。

<3

64

丰富空间色彩层次的软装元素

亮点 Bright points

复古布艺卷帘

布艺窗帘的花色略带复古感，与室内其他布艺形成呼应。

为了能拥有一间舒适明亮的书房，整个书房可以选择以白色为主色调，这样无论室内的自然光条件如何，都不会使人产生压抑之感。为丰富室内的色彩层次及弱化白色的单调感，可以在画品、窗帘、抱枕等软装元素上花一点心思，以此来达到丰富空间整体氛围，突出风格特点的目的。

2.收纳格子中，摆放的各类小物件，丝毫不显凌乱，反而使这个小书房的氛围更加活泼。

3.布艺元素的花色及图案都十分精致，既丰富了小空间的色彩层次，也保证了飘窗使用的舒适度。

小家精心布置之处

1.良好的采光让书房给人的整体感觉非常舒适，以大面积的白色作为背景色，将蓝色布艺坐垫点缀在其中，与沙发上方墙面的装饰画彼此形成呼应；大量的布艺元素点缀得恰到好处，为书房带来了无限活力。

3 北欧 <风格

书房的材料应用

硬包让书房隔声效果更佳

书房中乳胶漆的颜色选择应合理

浅色木材能够放大空间

亮点 Bright points

圆形混纺地毯

混纺地毯结实耐用，色彩丰富生动，点缀出一个五彩缤纷的休闲空间。

亮点 Bright points

陶质木纹砖

陶质木纹砖的质感与木材十分接近，纹理逼真，颜色温润，用来装饰地面结实耐用，且不会产生冰冷感，十分符合北欧风的居室选用。

亮点 Bright points

木饰面板

原木色的木饰面板装饰的墙面，与书房中家具的颜色及质感保持一致，让小书房的设计更有整体感。

亮点 Bright points

米白色玻化砖

选用浅浅的米白色玻化砖装饰地面，让小空间看起来更显整洁、宽敞，与原木色的家具搭配，自然而和谐。

亮点 Bright points
复古箱子
看似随意摆放的收纳箱，十分复古，颜色也与室内搭配十分和谐。
<1

小家精心布置之处

1.书桌上方的墙面采用硬包作为装饰，依靠材质良好的隔声效果，让书房的氛围更加静谧。

2.书房的一侧墙面采用装饰镜面作为装饰，让小空间的视觉感更加开阔，有效地缓解了空间的狭长感。

65

硬包让书房隔声效果更佳

硬包的填充物不同于软包，它是将密度板做成相应的设计造型后，包裹在皮革、布艺等材料里面，棱角鲜明，具有良好的隔声效果。在北欧风格的书房内，墙面运用硬包作为装饰，为工作与学习提供一个安静、舒适的环境。为体现北欧风格的简洁格调，可将硬包造型设计成正方形、长方形、菱形等，偶尔也可以做一些不规则的多边形，以丰富墙面设计感。

亮点 Bright points
衣架
利用树干制作的衣架，自然韵味满满。
<2

66

书房中乳胶漆的颜色选择应合理

亮点 Bright points

贝壳椅子

黄色座椅，简洁大方，提升空间色彩层次感。

<1

亮点 Bright points

布艺窗帘

窗帘的选色与椅子保持一致，体现搭配的用心，是十分聪明的做法。

<2

小书房内，可以通过改变墙漆彦
的方法来明确空间的功能。如在阅读
域使用素色调的乳胶漆作为装饰，因
素色的乳胶漆能够营造出一个清新、
雅、宁静的空间氛围。这里的素色可
是米白色、浅蓝色、浅灰蓝色、浅绿
等一些低饱和度的色彩，它们非常适
书房使用，也更能体现北欧风格基调

小家精心布置之处

1.白色家具造型利落，简约的线条搭配浅灰色
胶漆，白色压膜板提升了书柜的质感，也丰富
面的造型效果。

2.窗帘、沙发、抱枕的色彩形成互补，搭配艺术
强的装饰画，使简约舒适的书房更有书香气息。

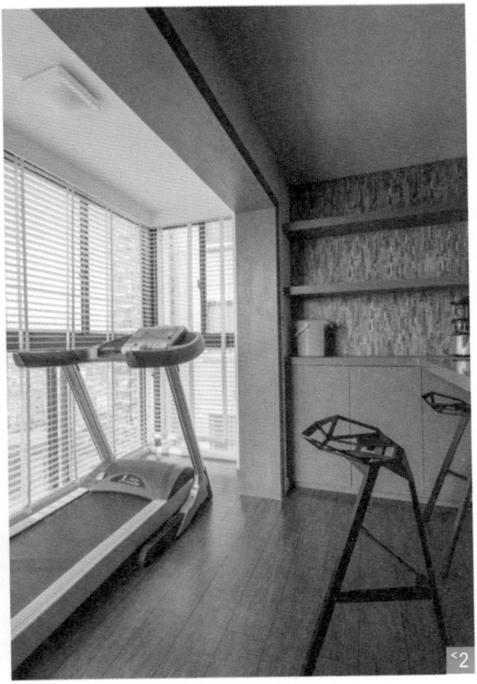

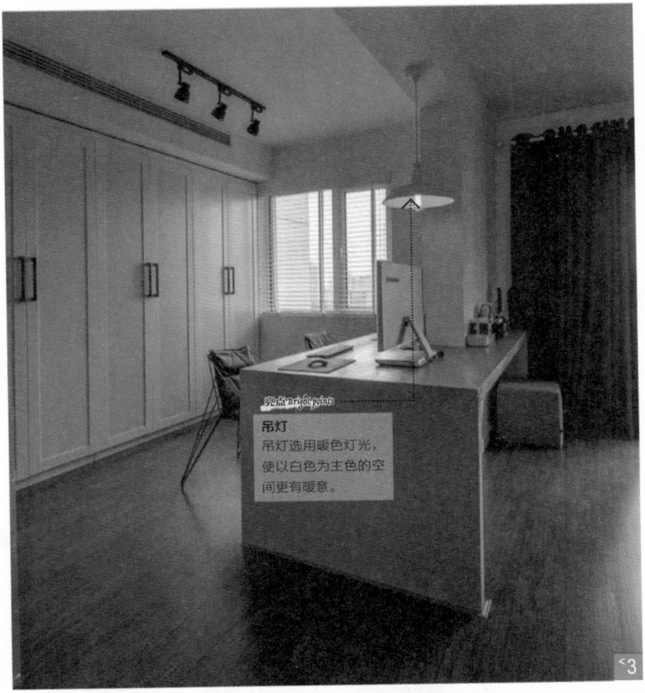

小家精心布置之处

1.书房整体以黑色、白色、灰色三色为主色调，给人呈现的视觉感明快而不失柔和。

2.将阳台打造出一处休闲空间，通过灵活的百叶窗来让居室的采光更加舒适自然。

3.利用室内的结构特点，在横梁下方设置书桌，淡化了隔墙的压抑感，充分利用了空间的使用面积，放大空间感。

浅色木材能够放大空间

北欧风格的书房中，木色主要来源于书柜、书桌以及木地板等。家具的颜色主要以桦木、橡木的浅色调为主，营造出的空间氛围更显清新、自然、安逸。木地板的颜色可根据书房的采光条件及实际面积大小而定，通常也是以浅色为主，其中以浅原木色、浅灰色、浅棕色居多。

1

小家精心布置之处

1.创意搁板上摆放的小件饰品，勾画出书房别致的一角。

2.半通透的卷帘增强隐私性的同时也使书房的采光更加舒适；榻榻米的设计让小书房有了待客功能与储物空间；原木墙板温暖的色调、自然的纹理和天然的质地，使整个空间看起来朴实无华却温馨感十足。

2

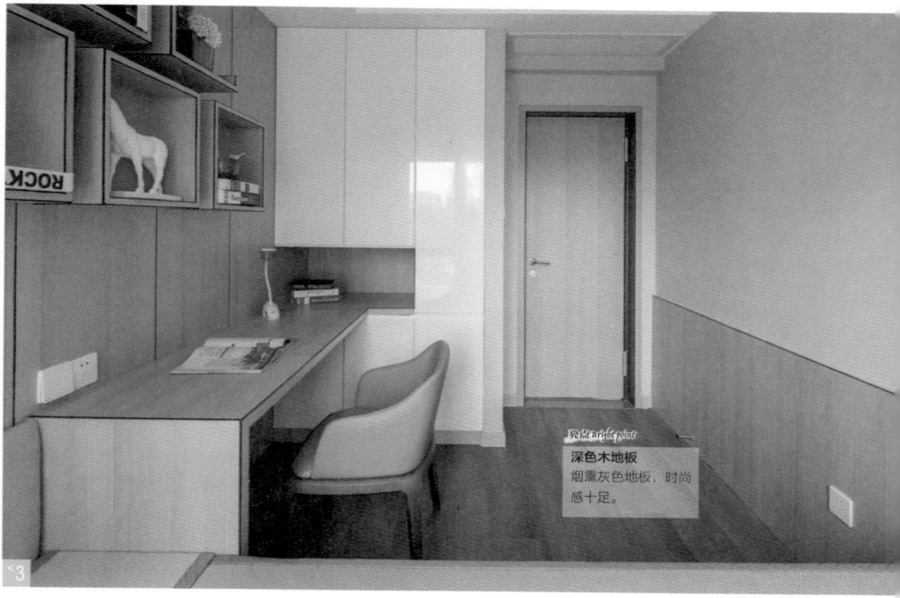

亮点 Bright points

深色木地板

烟熏灰色地板，时尚感十足。

亮点 Bright points

创意搁板

书房中若有多余的收纳空间时，搁板上就可以用来摆放一些自己喜欢的小物件，美化环境和心情。

3.书桌的设计延伸到墙面，为小书房提供了更多的收纳空间，入口处的落地柜放弃了原木色，改用白色，与另一侧墙面的留白形成呼应，使整个小书房看起来更加简约干净。

4.深灰色地板是书房中最深的颜色，却是最时尚的元素，高级灰色的色调让木地板的质感更加突出、更有格调。

4 北欧 < 风格
书房的家具配饰

合理的灯光搭配，提升阅读的舒适度

多功能用途的书房家具，休闲阅读两不误

整合家具设计，化书房为客卧

亮点 Bright points

铁艺座椅
带脚轮的铁艺座椅，设计造型简洁大方，灵活耐用，若室内地面材质为耐磨的地砖，更为推荐。

亮点 Bright points

收纳格子
将小书房的一侧墙面打造成开放式的收纳格子，用来陈列收纳各种书籍、文具等用品，让室内变得井然有序，且大大提高学习与工作的效率。

亮点 Bright points

强化复合木地板
强化地板的性能要优于实木地板，性价比也高，小书房中选择浅木色地板来装饰地面，更显简约、洁净。

合理的灯光搭配，提升阅读的舒适度

小家精心布置之处

1.简洁的书桌上摆放的绿植、玩偶为空间增添了童趣与自然气息。

2.书柜上看似随意摆放的书籍却成为书房内最好的装饰，增添了室内的书香氛围。

3.室内的面积不大，倚墙而置的书柜、书桌及小沙发，尽显北欧风格的简洁实用。

书房是工作和学习的重要场所，因此在灯光设计上必须保证有足够合理的阅读照明。在布局上可让书桌靠近窗边，以保留充足的自然光源，书房的内光源以间接照明为佳。同时在书桌左上方添置一盏台灯作为阅读时的加强照明，这样在保证使用舒适度的同时，也可减少视觉疲劳感。

亮点 Bright points
水粉画
彩色装饰画装饰简约的墙面，效果极佳。

69 多功能用途的书房家具，休闲阅读两不误

亮点 Bright points
布艺窗帘
窗帘的双层设计，让室内光线更加舒适。

一个宁静的北欧风格书房的装修，应避免视觉上的膨胀感，不宜选用过于繁复的元素作为装饰，要以小空间的和谐及功能作为设计首要前提。多功能家具是小书房的装饰首选，如吧台与收纳柜的组合，既为空间提供了一个喝茶、阅读的休闲角落，又能使书房与客厅进行完美的分隔。

小家精心布置之处

1.利用定制家具可量身定做的特点，打造出一个功能丰富的室内空间；和谐讲究的配色营造出干净整洁的家居氛围。

亮点 Bright points
组合吊灯
暖色灯光，让用餐更加舒适。
<2

<3

Arietta
亮点 Bright points
悬挂式书架
悬挂的书架能够节省空间，装饰效果也不错。
<4

2.暖色灯光搭配黑色官帽造型的金属灯罩，具有极强的装饰效果。

3.利用小型吧台在书房的一侧打造出一个休闲区域，吧台下方的层格设计，可为休闲区提供收纳功能。

4.悬挂的书架充分利用书桌上方的空间，方便阅读时拿取书籍。

70

整合家具设计，化书房为客卧

利用一张单人床增添书房的使用功能。根据书房的实际面积来选择单人床的尺寸及款式，既不会让书房显得过于拥挤，还能巧妙地将书房化作客房，增添居室功能。

小家精心布置之处

1.在书房中量身定制的箱式床，有着强大的收纳储物空间，还可以用来留宿客人，是一举两得之作。书房中除了定制的箱式床，书桌的设计也十分巧妙，其与床尾的巧妙结合，增加了收纳空间，虽然颜色并没有保持一致，但是简洁的外形也不会显得突兀。

2.由阳台改造的书房总是面临采光过剩的尴尬，而利用灰色的遮光帘就能保证空间采光的舒适度和视力健康。

卡头的搁板设计虽然简单，但是也以用来摆放一些书籍和小饰品，让做客卧的书房内容更丰富。

灰色、白色与木色形成了书房的色调，一抹绿色出现在卧室中，活跃了整个空间的色彩氛围。

5 北欧 < 风格 书房的收纳规划

隔断式收纳书柜

合理的高度，更易于收纳

小书房中层架书柜的妙用

亮点 Bright points

简洁大方的书桌

小书桌的设计充满现代家具简约大方的美感，其下方的抽屉可以用来放置一些经常使用的学习用品，拿取十分方便。

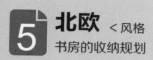

亮点 Bright points

组合收纳系统

小书房内，利用书桌上方的空间，打造出一组用于收纳与展示的柜体，在保证了书房拥有更多收纳空间的同时，让室内看起来更加舒适。

亮点 Bright points

双层茶几

双层茶几也可以拥有一定的收纳功能，台面上摆放着的茶具、花艺既能用于装饰又方便使用，下层可以用来放置一些使用率较高的日常用品。

71 隔断式收纳书柜

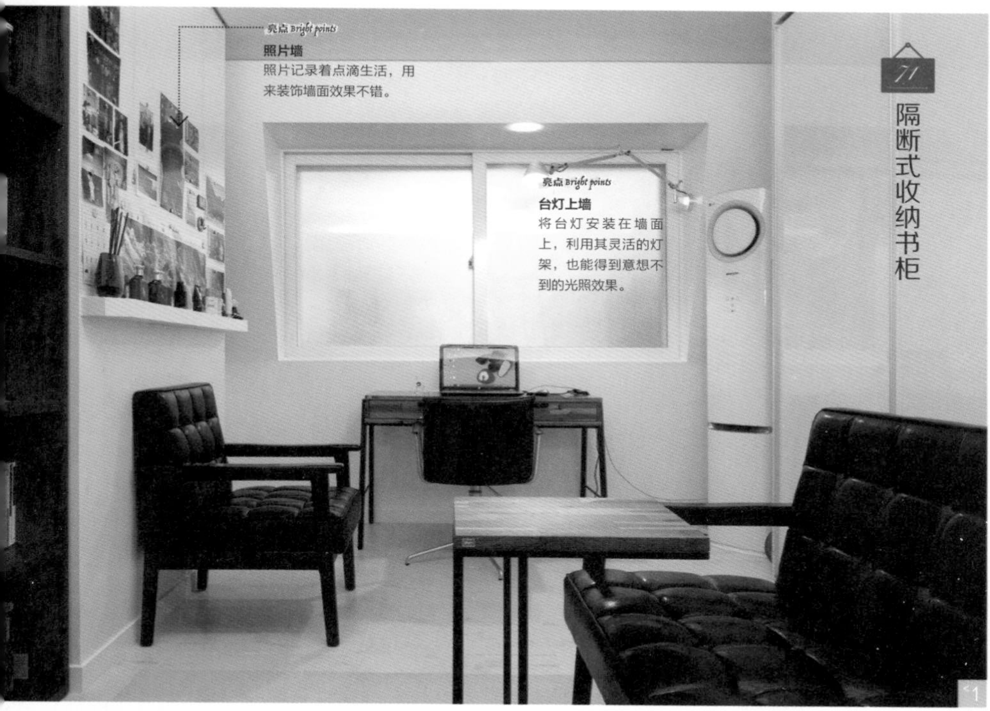
亮点 Bright points
照片墙
照片记录着点滴生活，用来装饰墙面效果不错。
亮点 Bright points
台灯上墙
将台灯安装在墙面上，利用其灵活的灯架，也能得到意想不到的光照效果。
1

2

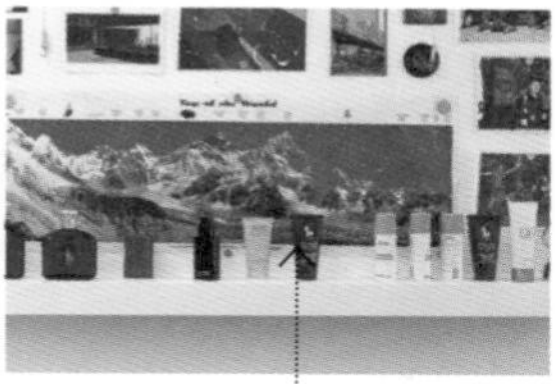

亮点 Bright points

香水与护肤品

将自己日常使用的香水与护肤品等物品摆放在搁板上，也不失为一种巧妙的装饰。

小家精心布置之处

1.室内家具的设计造型简洁大方，一侧墙面上的照片搭配隔板上摆放的日用品，营造出一个生活气息浓郁的空间。

2.书架上整齐摆放的书籍，搭配做旧的木质书架，书香气息浓郁。

以餐厅的隔断作为餐厅、书房的中介，层架式隔断可满足两个空间的需求，同时也可以作为书房的书柜，承担收纳功能，并且巧妙地完成一间变两间的空间魔法术。

72

合理的高度，更易于收纳

书房的收纳规划在满足个人喜好及基本需求之后，应致力于收纳容积的扩增。书房中的收纳主要来源于书柜，其中以定制书柜为最佳，它能达到一物多用、节省空间的目的，又可以与整体环境及风格特点相协调，非常适合小面积的书房使用。定制类书柜的选材以轻薄材质为宜，高度设定应以方便日常使用为依据，提升收纳的舒适度与效率。

<1

小家精心布置之处

1.床头与衣柜结合在一起，节省了空间，推拉门的设计也让日常拿取物品不受影响。

2.因为书房的采光非常好，因此绿色与灰色可以大胆地用在墙面上，且不会使室内产生暗淡之感，反而让整体的颜色搭配非常高级、清爽；白色家具的造型虽然简单，但从细节处也透着精致。

3.书柜上的物品并不需要塞得满满的，三三两两地摆放，更显整洁。

4.书桌一侧放置的六层斗柜让小书房的收纳空间运用到极致。

<3

亮点 *Bright points*

迷你隔断

定制家具打造的迷你隔断，避免了床头直接朝向窗户，提升睡眠舒适度。

<2

<4

73

小书房中层架书柜的妙用

亮点 Bright points
定制书架
书架的深度不宜太深，否则不方便使用。

小家精心布置之处

1.良好的采光、简洁利落的家具、精致的花艺等装饰出清爽优雅的书房空间。

2.简洁利落的白色柜体，为书房提供了收纳与展示功能，收纳与陈列的书籍、工艺品等成为书房内最亮眼的装饰。

3.黑白装饰画不规则的纹理，增添了空间的时尚感。

小空间内更需要通过整理使空间得到最大化的利用。如将书房做成榻榻米，将一些不常用的物品收纳其中；或将墙面的局部作为开放式层架，作为陈列展示区，用来摆放一些经常使用的书籍、物品及玩物摆件。

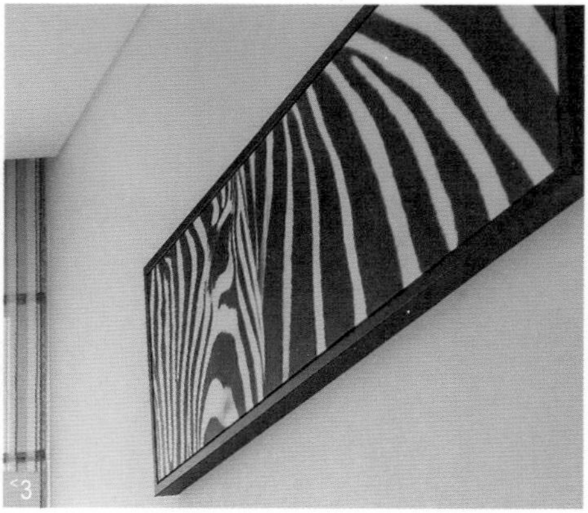

第 5 章

厨 房

1 北欧 < 风格
厨房的布局规划

转角橱柜，让小厨房的规划不留死角

舍弃隔断，让小空间更加开阔

利用台面转角，规划休闲区域

亮点 Bright points

吧台
小型吧台永远是用来规划或间隔空间的不二之选。

亮点 Bright points

一字形橱柜
方形的小厨房内选用一字形橱柜，能有效释放更多的使用空间，让小空间不显拥挤。

亮点 Bright points

防滑地砖
地砖的颜色与橱柜颜色形成呼应，体现出厨房搭配设计的整体性，地砖的防滑性能也是厨房中必不可少的要素。

74

转角橱柜，让小厨房的规划不留死角

亮点 Bright points
绿植
将绿植作为厨房装饰的点缀，能够缓解疲劳。
亮点 Bright points
不锈钢台面
不锈钢台面表面光滑，抗菌易清洁。

<1

使用转角橱柜来规划厨房，其更适用于狭长形的厨布局。可以利用橱柜的转角造型，让厨房不留死角，以装修后让人有空间局促、功能不全之感，同时保证了房动线的明朗性，完成了将空间分配各功能的装修目，让厨房的烹饪工作更加便利和舒适。

小家精心布置之处

1.L形的橱柜用来规划长方形的厨房，既增加了收纳空间，又能缓解户型的狭长感，不会让人感到局促。

2.将厨房的一角规划成书房，既可以用来就餐也可以在闲暇之余进行阅读，一举两得。

3.将洗手台规划在过道处，方便就餐或烹饪前洗手。

<2

<3

78
舍弃隔断，让小空间更加开阔
亮点 Bright points
鲜花
鲜花的点缀装饰，是其他饰品不能代替的，充足的日照能让它们更加鲜艳夺目。
1

2

小家精心布置之处

1.走廊与厨房的橱柜处于同一直线上，两者之间不做任何间隔修饰，保证了小空间的开阔性；简洁的白色柜体也为空间带来整洁、清爽的视感，悬空的柜体设计，在灯带的衬托下，更显轻盈。

2.白色的橱柜，以直线为主要设计线条，减少了小空间的压迫感。

亮点 Bright points
绿植
北欧风格居室内最常见的植物是尤加利叶子，用其装点厨房可缓解疲劳。
亮点 Bright points
陶瓷锦砖
色彩斑斓，纹样丰富的陶瓷锦砖，为室内增色不少。

<1

小家精心布置之处

1.深色原木饰面的橱柜与白色橱柜形成深浅对比，视觉效果明快，线条更显利落，收纳功能更加强大。

2.以线性切割的形式设计柜体，将展示柜与封闭柜融为一体，白色柜门内是大容量的收纳空间，且室内结构的不足被藏了起来，设计感也更强。

3.深色木质柜体的纹理清晰，色泽温润，彰显了空间的北欧格调。

<2

<3

小户型以开放式格局最为常见，在规划时，可以适当地考虑舍弃实墙或隔断，这样一方面可避免转折动线过多，造成空间浪费；另一方面还可以将有限的自然光线引入室内，让小居室的居住更加舒适。

76

利用台面转角，规划休闲区域

开放式的厨房利用操作台面的延伸式设计来作为厨房与其他空间的间隔，从功能与视觉上进行空间的区域划分，巧妙而实用。延伸操作台的设计以转角式最为常见，既能充当餐桌又可以用来收纳一些日常用品，还可以作为喝茶聊天的休闲区域，一举三得。

小家精心布置之处

1.利用操作台面的延伸将餐桌融入厨房中，让餐厨合体更加自然。

2.花卉、绿植和高脚餐椅的组合，形成厨房中一道清爽宜人的风景线。

3.简洁大方的一字形橱柜，承担了厨房中的所有收纳需求，简洁光滑的饰面也更符合北欧风格厨房的选材特点，日常维护也更方便。

2 北欧 <风格

厨房的色彩搭配

暖色的点缀，让北欧厨房更有暖意

绿植的点缀，让厨房色彩更有新意

亮点 Bright points

木质楼梯

木质楼梯的造型简约大方，深色调的原木材质也成为白色空间内最温暖的颜色。

亮点 Bright points

立体白瓷砖

立体感十足的白色瓷砖让简单的墙面设计看起来非常具有层次感。

亮点 Bright points

黄色瓷砖

明快的黄色瓷砖，是空间内最吸引人的色彩，让以黑白为主色的厨房有了一份活跃之感。

亮点 Bright points

金属砖

深灰色调的金属砖与亮白色墙砖的对比，使其各自的质感更突出。

亮点 Bright points
烤漆橱柜
黄色烤漆橱柜，光滑夺目的饰面，美观又容易清洁。
77
暖色的点缀，让北欧厨房更有暖意
<1

亮点 Bright points
杂物的点缀
厨房吧台上随意摆放的水果蔬菜，一事一物都能成为不错的装饰。
<2

北欧风格厨房中要表现出浪漫甜美的印象，可以选用明亮的暖色来营造，其中以粉色、红色、黄色、橙色为最佳。明亮柔和的暖色可以作为点缀色或辅助色小范围地出现，便能为空间注入无限的暖意。值得注意的是，暖色在小空间内不宜大面积运用，以避免产生膨胀感，让小厨房显得过于局促。

小家精心布置之处

1.将小厨房的一侧设计成休闲用的吧台，闲暇之余喝茶聊天抑或简单的就餐，都是不错的选择。

2.以白色为背景色与主题色的空间，给人呈现整洁、干净的视感，黄色柜体与黑色座椅的辅助与点缀，彰显了北欧风格居室配色活跃明快的一面。

78

绿植的点缀，让厨房色彩更有新意

厨房中适当地摆放一些绿色植物，将自然的绿意带入室内，让人能在烹饪之余感受到自然之趣。北欧风格居室内多采用龟背竹、绿萝、常青藤、薰衣草等绿植作为装饰，足不出户便能感受到大自然的气息，同时也体现了北欧风格居室设计的特点，更突显出小空间的色彩层次感。

小家精心布置之处

1.大量绿植的点缀，使厨房的设计搭配充满创意，也为简洁的空间增添了一份自然气息。

2.厨房整体以白色为主色，地面的彩虹色地砖，层次丰富，成为空间内最亮眼的装饰之处，大大提升了空间的配色层次感与美感。

<1

<2

亮点 Bright points

永生植物

亦真亦假的永生绿植，为室内带来无限绿意与生机。

亮点 Bright points
铜质吊灯
全铜材质的吊灯，
造型别致，为室内
增色不少。

1

小家精心布置之处

1.以白色调为主的空间内，整洁而优雅，辅以绿色的植物、抱枕可提亮空间，开放式的空间规划让视觉更加开阔。

2.米白色的布艺窗帘保证了室内采光的舒适性，营造的氛围安逸舒适。

3.装饰画以绿色为主色调，装饰在白色背景墙上，呈现的视觉效果清新自然。

4.餐厅上方两顶精致的金属吊灯，其设计造型充满现代感与时尚感，提升了空间设计搭配的品质与美感。

2

3

4

3 北欧 < 风格
厨房的材料应用

花砖让厨房墙面更有创意与层次

石材的简洁与利落

亮点 Bright points

大理石

北欧风格居室内的大理石通常不会选用太过华丽的颜色，以白色、米色、浅灰色等浅色石材居多，以打造简洁舒适的空间氛围。

亮点 Bright points

锦砖

墙面选用玻璃、贝壳、陶瓷三种材质的锦砖进行装饰，小小的锦砖在灯光的映衬下斑斓夺目。

亮点 Bright points

人造石台面

小厨房内的台面选用白色是最明智的选择，光滑的人造石易于打理，不用担心清洁问题。

29

花砖让厨房墙面更有创意与层次

亮点 Bright points
花砖
复古纹样的花砖，是厨房装修的最大亮点。

1

使用花砖作为墙面的装饰，是北欧风格居室中的装饰亮点。使用花砖来修饰墙面，砖体的颜色、纹理和尺寸大小均能影响视觉效果，是空间中相当有分量的装饰亮点。小厨房中花砖的用色不宜过多，小面积的点缀就能使厨房的设计更有创意与格调。

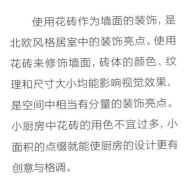

亮点 Bright points
白色橱柜
橱柜选择白色，能为空间带来干净整洁的视感。

2

小家精心布置之处

1.白色台面上方规划出开放式的收纳层板，强化了小空间的收纳功能，搁板上可以摆放一些平日经常使用的小工具或餐具，方便拿取。

2.小厨房内以白色作为主色调，尽显干净整洁，花砖的运用，提升了整个空间的美感，也让设计更有层次。

80

石材的简洁与利落

亮点 Bright points
花艺
餐桌上摆放的花草没有多余的造型修饰，随性而自然。
亮点 Bright points
原木地板
地板保持了木材本色，自然而淳朴。
<1

在为北欧风格厨房挑选大理石的色彩和材质时，浅色优于深色，石材表面宜采用亮面处理，利用亮面的反光起到放大空间的效果。此外，石材的纹理应避免选择繁复的花纹拼贴，简单的对花设计可以让整体空间更为清爽，不会因石材的厚重质感而显得过于沉闷。

小家精心布置之处

1.大理石餐桌的纹理清晰自然，设计造型简洁，与厨房内白柜的搭配，简约而又清爽。

2.精美的绿植与饰品的装扮，尽显北欧生活的精致品位与格调

3.厨房内墙面选用白色亮面墙砖作为装饰，让空间整体更显整洁。

4.封闭的白色柜体下隐藏了更多的收纳储物空间，大小杂物放入其中。

<2

<3

<4

亮点 Bright points
木纹砖
木纹砖结实耐用，
又带有木质纹理。
1

小家精心布置之处

1.厨房墙面以灰色木纹墙砖作为装饰材料，搭配白色橱柜，使厨房的整体色彩层次更加分明，同时也彰显了小厨房选材的考究。

2.明厨是小厨房的一个亮点，利用白色百叶窗能自如调节空间采光，保证了烹饪时的舒适度。

亮点 Bright points
中颗粒人造石
人造石的颜色选择
合理，干净耐用。
2

4 北欧<风格 厨房的家具配饰

集成式厨房家具的整体美感

岛型操作台充当餐桌

亮点 Bright points

家具的选材

阳台处打造的厨房，橱柜等家具的选择十分重要，材质以防水、耐潮、耐日光为最佳。

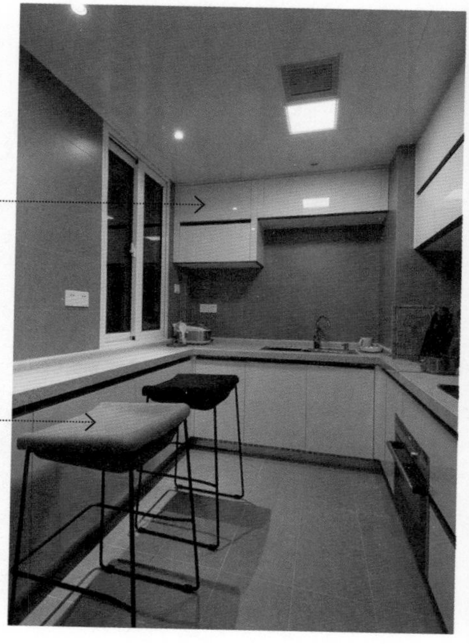

亮点 Bright points

白色烤漆橱柜

烤漆饰面的橱柜装饰效果极佳，白色的橱柜更加适用于小厨房，能给人带来整洁干净的视感。

亮点 Bright points

吧椅

在厨房内规划了休闲角落，吧椅选择了造型别致、结构简单的铁艺吧椅，结实耐用，搭配彩色布艺饰面，为空间增色不少。

81 集成式厨房家具的整体美感

<1

<2

小家精心布置之处

1.集成式的橱柜，将各种厨房家电与橱柜融为一体，让小厨房的设计更有整体感，美观性更佳。

2.将厨房的一侧墙面设计成黑板，尽情地涂鸦，用来装饰空间，别具一格。

集成厨房的整体感强，美观度更高，是按居住者的使用习惯以及需求，将厨房内相关的设施，包括橱柜、台面、厨电、灯饰、配件等进行合理规划集合设计而成。其布局更合理，会根据厨房的格局，预留管线、插座位置，让空间布置更合理，集成式橱柜更适合小户型厨房选用。同时，橱柜在设计前会充分考虑到使用者的活动路线，通过合理的功能布局，使烹饪操作流程更加方便、畅通，进而提高烹饪效率。

小家精心布置之处

1.橱柜的色彩以温润的木色与简洁的白色为主，利用纯白色减少压迫感，利用浅木色稳定空间重心，使厨房呈现的视觉效果简约而温馨。

2.原木色吧台与餐椅，在小空间内开辟出一个休闲的小角落，增添了空间的实用功能，尽显北欧风格居室内安逸、舒适的特点。

82

岛型操作台充当餐桌

岛型操作台并非只适用于大户型的厨房，在开放式的小户型居室内，选用造型简约的岛型操作台再搭配一字形橱柜，节省空间的同时也让空间动线更加合理，缓解了小厨房操作空间的局促感，还能充当餐桌，餐厨一体，合理而巧妙。

3.透明的球形玻璃吊灯，是整个空间装饰的亮点之一，在保证了空间内充足照明的同时，也带来了极佳的装饰效果，突显了北欧风格居室功能性与装饰性兼顾的设计理念。

4.厨房内一株绿植的点缀，为小厨房增添了一份自然气息。

5.淡淡的蓝色墙砖，采用鱼骨造型进行拼贴，在配色上形成白色+木色+淡蓝色的搭配，再适当地融入一点绿植作为点缀，让空间显得生机勃勃，尽显清新简约的北欧风魅力。

<3

<4

亮点 Bright points
瓷砖
光滑的瓷砖颜色淡雅清爽，易清洁。
亮点 Bright points
吧台椅
纤细的造型，让椅子看起来装饰性与功能性并存。
<5

5 北欧 < 风格
厨房的收纳规划

封闭与开放结合的弹性收纳系统

强化收纳从便捷性开始考虑

墙面收纳，易拿易取，使用方便

亮点 Bright points

U形橱柜

U形橱柜最大的优点就是其拥有强大的收纳空间，同时将空间的每一寸面积都充分使用，让小空间运用到极致。

亮点 Bright points

吧台

利用吧台作空间规划十分明智，既能作为日常喝茶聊天的休闲角落，又能将区域有效地分割。

亮点 Bright points

定制家具

利用结构特点定制的玄关鞋柜，保证了日常收纳的需求也让小空间看起来更加美观。

83

封闭与开放结合的弹性收纳系统

亮点 Bright points
黄色窗框
窗框选择黄色，使室内配色更显亮丽。
1

厨房内采用整体橱柜与开放式搁板结合的方式，将厨房中的物品进行分类收纳。利用封闭的橱柜将物品藏于其中，局部的墙面再采用开放式搁板收纳、陈列一些经常使用的餐具器皿，在日常进行烹饪时十分方便取用。

亮点 Bright points
艺术画
色彩互补的艺术画，使厨房看起来更有艺术感。
2

小家精心布置之处

1.以白色为主色调的厨房内，灰白色纹理的台面丰富了搭配的层次感，也使色彩过渡更加自然，让其他亮丽色彩的点缀不显突兀，显示了北欧风格配色的和谐与舒适。

2.深色木质搁板充分利用了厨房的墙面空间，可以用来摆放一些经常使用的餐具及烹饪工具，方便拿取。

84

强化收纳从便捷性开始考虑

亮点 Bright points

花砖

花砖装饰墙面，纹样复古，很适合开放式空间使用。

<1

<2

小家精心布置之处

1.家具的设计线条简单流畅，胡桃木餐椅的设计外形美观，圆润的线条让入座更舒适。

2.餐桌与橱柜连接在一起，为小居室节省了空间，让开放式的空间看起来非常通透敞亮；L形橱柜将小厨房的操作空间利用到极致，提升了烹饪效率。

亮点 Bright points
花砖
花砖装饰墙面，更适合开放式空间使用。
亮点 Bright points
钢化玻璃餐桌
钢化玻璃餐桌与木质餐椅的结合，彼此衬托，效果出众。

厨房的收纳应以便捷性为主要前提，通常是以台面为规划轴线，将经常使用的电饭煲、热水壶等小家电摆放在台面上；碗、水杯、盘子等放在台面下方的推拉抽屉中，拿取更加便利，而一些不经常使用的锅具则可以放置在台面上方的橱柜中；锅铲、手套等使用率高的小物件则可以选择悬挂在墙壁上，这样可以提升空间的使用率。合理地规划厨房用具的收纳顺序及位置，能够提高日常烹饪的效率，让人心情愉悦，更加享受烹饪的乐趣。

85

墙面收纳，易拿易取，使用方便

分类收纳在厨房收纳中显得尤为重要，不同的工具和物件应按照类别或使用顺序进行分类收纳。如将经常使用且较为零碎的小工具、厨具、菜板等物件，通过挂钩收纳在厨房的墙面上，易拿易放，使用方便。还可以通过利用墙面来释放台面，使厨房看起来更整洁，即便东西再多也不会显得杂乱。

亮点 Bright points
白色瓷砖
纯白色瓷砖光滑洁净，让厨房更显整洁。
亮点 Bright points
地板
鱼骨造型的地板，是北欧风格居室内流行的一种铺装方式。

2

1

3

小家精心布置之处

1.良好的采光，搭配白色橱柜让厨房更显整洁干净。

2.小厨房的配色以白色+木色为主，空间内并没有多余的装饰，鱼骨造型的木质地板和北欧风崇尚自然的理念一致，统一和谐，也降低了整体装修的造价。

3.墙面的挂钩收纳了烹饪常用的小工具，让日常收纳更加自如。

第 6 章

卫生间

1 北欧 < 风格 卫生间的布局规划

利用通透材质规划空间

小浴室的合理规划技巧

亮点 Bright points

绿植

北欧风格居室内，花艺绿植的点缀永远不会缺席。

亮点 Bright points

六角陶瓷锦砖

深灰色的六角锦砖装饰的地面，高级感油然而生。

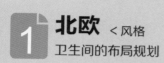

亮点 Bright points

红砖

在干区使用红砖作为墙面装饰，大胆而富有创意，与光华的墙面、地面在材质上形成对比，营造出后现代的美感与时尚。

亮点 Bright points

悬空式洗漱柜

悬空式的洗漱柜节省空间，外形简洁美观。

亮点 Bright points
钢化玻璃
钢化玻璃保证了如厕区与淋浴区的独立性。

利用通透材质规划空间

小家精心布置之处

1.通透的钢化玻璃作为淋浴间与卫生间的间隔，完成了小浴室的干湿分区，让使用更加方便、舒适。

2.卫生间一侧的墙面采用防腐木材作为收纳柜的门板，纹理清晰，为小空间增添了一份暖意与自然韵味。

3.小浴室的一角利用简易的梯子造型收纳架来实现日常的收纳需求，方便拿取，同时也让空间的色彩更有层次，尽显北欧风明快而简约的风格特点。

对于小户型的卫生间而言，明窗是十分难得的，为了保证小空间内的最佳采光效果，应尽量避免采用实体墙或隔断，可用玻璃等具有通透性的材质或可以灵活开合的弹性隔断代替，这样既不阻碍光线又能有效实现分区同时避免小空间会产生压抑之感。

亮点 Bright points
木质收纳柜
碳化木饰面的收纳柜，具有良好的耐潮性，适合用于卫生间。

亮点 Bright points
置物架
金属置物架可以用来放置毛巾、沐浴露等日常洗浴用品。

87

小浴室的合理规划技巧

亮点 Bright points

镜面

洗漱柜门采用镜面，一物两用，是十分聪明的做法。

<1

小卫生间若想做到“五脏六腑”俱全，除了选择小尺寸的家具及洁具外，还应充分利用室内的建筑结构。如利用墙体结构打造壁龛、壁柜等设计手法，能够将使用面积运用到极致。同时收纳柜的柜门应尽量选择白色或采用镜面作为柜门，利用镜面或浅色给人带来的扩张感来减少小空间的局促感。

<2

<3

小家精心布置之处

1.墙面与洁具都选择了白色，非常便于打理，也让小空间在视觉上看起来更加明亮。

2.灯带的运用，让悬空的柜体更显轻盈。

3.将洗手台设立在走廊的一侧，完成了小浴室的干湿分区，让洗漱区、淋浴区、如厕区各自独立，互不干扰。

1

小家精心布置之处

1.大面积的镜面很适合小卫生间使用，给人带来的视觉开阔性很强，有效地弱化了小空间的闭塞感，将镜面制作成收纳柜的柜门，增加收纳空间，美化环境，还可以用来梳洗打扮。

亮点 Bright points

洗漱柜

白色烤漆洗漱柜，简洁干净，可将一些杂物收纳其中。

2 北欧 <风格
卫生间的色彩搭配

利用家具、地面等局部色彩，丰富配色层次

黑白对比，让小浴室视感更明快

亮点 Bright points

灰白色的对比

灰白两色形成明快的对比，突显了面盆的质感，同时也增添了配色的层次感。

亮点 Bright points

孔雀绿

墙纸选用带有暗花纹的孔雀绿色，清爽中流露出复古的淡雅之美。

亮点 Bright points

蓝色

蓝色在北欧风格居室的配色中是不可或缺的颜色之一，明快而简约。

亮点 Bright points

亮银色

闪亮的银色边框提升了梳妆镜的存在感，呈现的视觉效果硬朗而富有层次。

亮点 Bright points

白色

洗漱柜选择白色，增添居室的洁净感。

亮点 Bright points
花砖
黑白调的花砖，图案别致新颖。
<1

亮点 Bright points
彩色乳胶漆
墙面选用亮丽的暖色来装饰墙面，大胆前卫。
<2

88

利用家具、地面等局部色彩，丰富配色层次

亮点 Bright points
陶瓷壁饰
圆盘形的墙面装饰，活跃了空间的整体视觉感。
<3

在居室空间中运用鲜明的色彩，相信许多人是又爱又怕，色彩的组合千变万化，每一种色彩都有着自身的特性，合理的搭配才能形成空间的风格调性。例如，在大面积的主色调中，局部增加对比配色，可以丰富色彩层次，强化视觉感受，也就是说利用家具、地面来提升色彩搭配的层次感。

小家精心布置之处

1.白色的洗漱柜是空间的主角，其颜色与门板的颜色形成鲜明的对比，清爽而明快。

2.地面选用花砖作为装饰材料，黑白色调的明快对比，加上精致的几何图案，增添了室内的时尚感。

3.墙面一侧选用暖色墙漆作为装饰，风格上突显了暖色北欧风主题，纯色的墙漆，温馨而舒适。

89

黑白对比，让小浴室视感更明快

亮点 Bright points
彩色收纳桶
收纳桶的颜色清爽，是北欧风居室内不可或缺的色彩。

1

在小空间中，深色整体使用范围不宜过多，最好以浅色为主色调。北欧风格居室内多选用黑色、灰色等纯色，搭配白色与其形成鲜明的对比，来营造空间的明快感。也可以搭配一些较有层次感的中性色，如灰蓝色、灰绿色、灰褐色等，以营造柔和的空间氛围，使空间更加时尚、耐看。

小家精心布置之处

1.墙砖选用工字形贴砖方式，搭配黑色填缝剂，让简约的设计更有层次感。

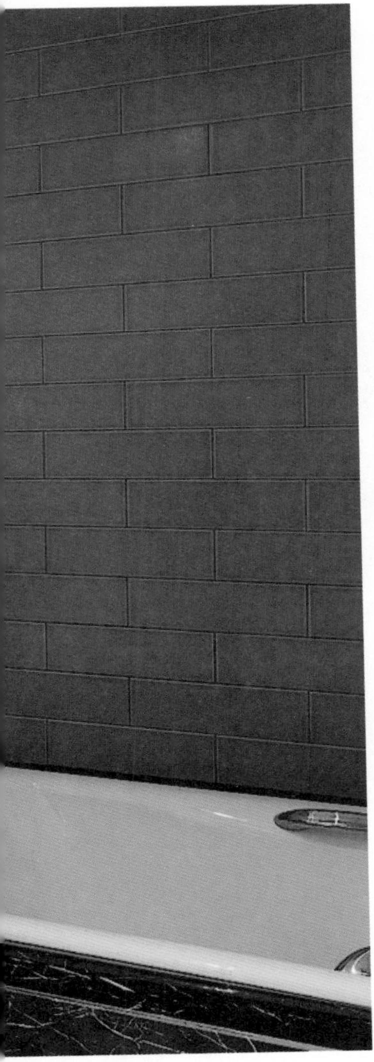

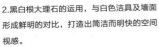

亮点 Bright points
置物架
多层置物架简洁大方，让沐浴时拿取物品更加方便，十分实用。
<2

<3

2.黑白根大理石的运用，与白色洁具及墙面形成鲜明的对比，打造出简洁而明快的空间视感。

3.地面选用六角砖作为装饰，黑白撞色的设计手法，色彩比例和谐，精致耐看。

3 北欧 <风格
卫生间的材料应用

墙面、地面选材的整体性

六角砖，更显北欧韵味

亮点 Bright points

装饰画
在浴缸一侧的墙面上挂上一幅喜欢的画品，愉悦心情，还能为浴室增添美感。

亮点 Bright points

木纹大理石
石材的仿木纹纹理清晰自然，结实耐用，相比木材使用寿命更长，更适合用于浴室中。

亮点 Bright points

桑拿木
桑拿木的运用，在日式与北欧风格居室内十分常见，防腐防潮，装饰效果极佳。

亮点 Bright points

石英砖
良好的防滑性能，用于浴室内再好不过，斑驳的质感打造出室内淳朴的气质。

90

墙面、地面选材的整体性

亮点 Bright points
镜面柜门
梳妆柜用镜面代替柜门，既是梳妆镜又是柜门，一物两用。

1

小户型的卫生间内，为保证设计整体感的效果，视线更加开阔，动线更加流畅，墙面、地面的装饰材料的色彩、材质等元素应融入整个家居空间，使装修效果更加有整体感。如选用浅灰色板岩砖作为墙面、地面的装饰主材，搭配白色家具与洁具，呈现出明快、简洁的北欧格调。

小家精心布置之处

1.墙面、地面通体选择同一种墙砖作为装饰，强化了小卫生间视觉上的整体性，看起来不显凌乱与拥挤。

2.用浴帘划分洗漱区与淋浴区，轻盈不占空间，性价比高。

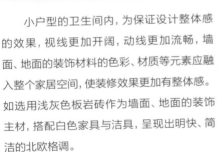

2

01

六角砖，更显北欧韵味

小家精心布置之处

1.浴室整体以白色、木色为主题色，尽显北欧风的简洁与清爽。

2&3.六角砖装饰的浴室墙面，呈现极简的视觉效果，利用墙砖的立体感来彰显设计层次，大量的白色也无形中起到了放大空间的视觉效果。

北欧风格居室内的墙面常为白色或浅色，为了避免视觉效果过于单调、平淡，六角砖是个不错的选择，其除了洁净的白色，还有各种马卡龙色彩可以选择，可以根据家里的整体色调搭配进行选择，使小居室有了更多与众不同的装饰效果。

亮点 Bright points
组合梳妆镜
组合梳妆镜的原木边框，给室内带来艺术感与自然气息。
<1

<2

<3

亮点 Bright points
木质家具
小型家具，既能用来当椅子，又能作边几，随心支配。

小家精心布置之处

1.浴室的总体色调以原木色、白色为主，既有北欧风的简约时尚，也有日式风的温暖清新。

2.六角砖装饰的地面，搭配浅灰色填缝剂，整洁干净又富有层次感。

3.绿植的点缀与装饰，让人能够感受到家的自然气息。

4 北欧 <风格
卫生间的家具配饰

巧妙整合家具功能，拓展使用空间

纤细造型的家具，有助于空间“瘦身”

亮点 Bright points

圆形梳妆镜
圆形梳妆镜与洗手盆的造型形成呼应，为小浴室增添了乐趣。

亮点 Bright points

原木洗漱柜
原木色的洗漱柜搭配白色人造石台面，给人的感觉简洁自然。

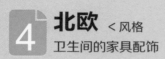

亮点 Bright points

玻璃淋浴房
钢化玻璃打造的淋浴房，让小空间实现了干湿分区，大大提升了空间使用的舒适度。

亮点 Bright points

悬空式洗漱台
将洗漱台设计成悬空造型，虽然会浪费一些收纳空间，但是开放式的底部空间却更容易清洁打理，抑制细菌滋生。

92

巧妙整合家具功能，拓展使用空间

亮点 Bright points
简易收纳架
灵活可以随意移动的收纳架，让台面更整洁。
亮点 Bright points
洗面盆
洗面盆的设计造型别致，且充满现代感与设计感。

<1

为了让小空间看起来干净整洁，坐便器、面盆等洁具应尽量选择白色，同时缩小洁具的尺寸，以争取更多空间。此外，还应整合家具的功能，减少面积浪费，可以通过尺寸、距离的充分利用来拓展台面，提高空间使用率。

<2

小家精心布置之处

1.定制的洗漱柜为小浴室增加了收纳功能，利用柜体充当台面，使空间得到更多的利用。

2.整墙的镜面，弱化了小浴室的局促感；洁具的造型简约，尺寸合理，让使用更加舒适。

93

纤细造型的家具，有助于空间“瘦身”

用心打造的北欧风格居室，每一处细节都不会让人失望。纤细造型的木质浴室柜，小巧灵活搭配利落的线条能避免侵占视觉，减少空间的厚重感。尤其是原木材质的家具，在材质、色彩、造型上也能吻合整体风格，确保感官舒适的最大化。

<1

小家精心布置之处

1.深灰色地砖的拼贴十分有立体感，成为小浴室内的装饰亮点。

2.原木色、白色、深灰色的搭配，让小浴室看起来更加简洁大方，白色的台面与墙面，也让小空间看起来更加整洁干净。

<2

亮点 Bright points

创意吊灯

镜前灯极富创意，用来装饰空间再好不过。

亮点 Bright points
木质家具
洗漱柜集收纳与展示于一体，简约的造型颇具装饰效果。
<3

3.洗漱柜的设计造型纤细，在保证了浴室的基本使用功能的同时，也能有效地缓解空间的局促感。

4.创意造型的吊灯，是浴室软装装饰的亮点，为简约的空间增添了时尚感。

<4

5 北欧 < 风格 卫生间的收纳规划

方便日常取物的简易格子柜

创意收纳，增添生活乐趣

将畸零角落规划成收纳区，提升空间美感

亮点 Bright points

一字形洗漱台

将洗手台设计成一字形是最百搭也是最节省空间的做法，美观大方，使用方便。

亮点 Bright points

手工编织收纳篮

用来放置一些闲杂物品，既有收纳功能又有装饰效果，极富有自然气息，体现了现代生活注重手工艺品的情怀与格调。

亮点 Bright points

整墙式镜面

镜面能给人带来视觉上的扩张感，如果将洗漱区规划在卫生间外，可以考虑采用整墙式的梳妆镜。

亮点 Bright points

封闭洗漱柜

封闭的洗漱柜可以将一些不经常使用的杂物隐藏其中，拿取方便。

94

方便日常取物的简易格子柜

亮点 Bright points
手工编织收纳篮
用来收纳一些小杂物再好不过了，在北欧风格居室内随处可见。
<1

小家精心布置之处

1.浴室利用洗漱柜上方空间打造的开放式收纳格子，可以用来摆放一些经常使用的洗漱用品，让小浴室的使用体验更加舒适。

洗手台上方整排的简易格子柜可以为小浴室提供超大的储物空间，合理规划柜体的尺寸，不会有压抑感，同时搭配一些带有北欧特色的储物篮，可以满足多种物品的收纳需求，而且性价比很高。

亮点 Bright points
金属置物架
简易造型的金属置物架，安装方便，使用便利。
<2

2.明窗是小浴室的一大优势，保证了室内拥有充足的自然光；洗漱台一侧设置了开放式铁艺收纳架，可以用来摆放一些经常使用的护肤品、绿植等小物件，方便收纳又具有良好的装饰效果。

亮点 Bright points
创意洗漱杯
悬挂在墙面上的玻璃洗漱杯，简洁通透，创意十足。
1

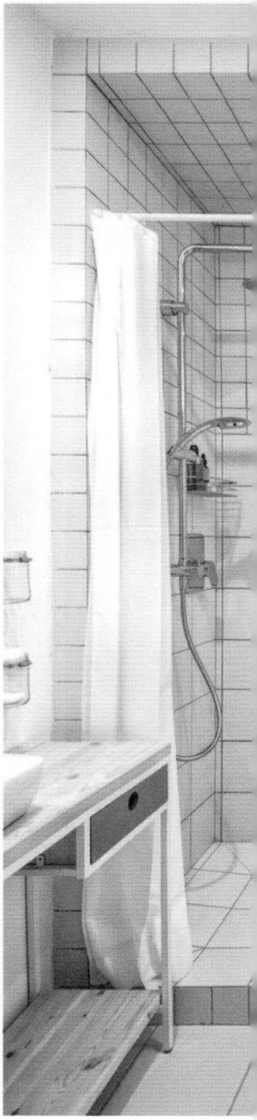

95

创意收纳，增添生活乐趣

在规划卫生间收纳时，可以融入一些充满创意的小物件来增添小空间的趣味性。例如，造型简洁大方的洗漱柜，既能满足小浴室的收纳需求，其简约的造型也彰显了北欧居室的极简美感；简单而富有创意的壁挂式收纳袋，有效地释放了洗手台的空间，让洗漱空间看起来更加整洁清爽。这些看似简单的小创意，都能为生活增添乐趣与色彩，十分适用于简约风格的居室内使用。

小家精心布置之处

1.卫生间的洗漱区规划得十分简约，造型简单的长方形梳妆镜搭配原木色洗漱台，这样的搭配既不占据视线，又呈现出极简的美感。

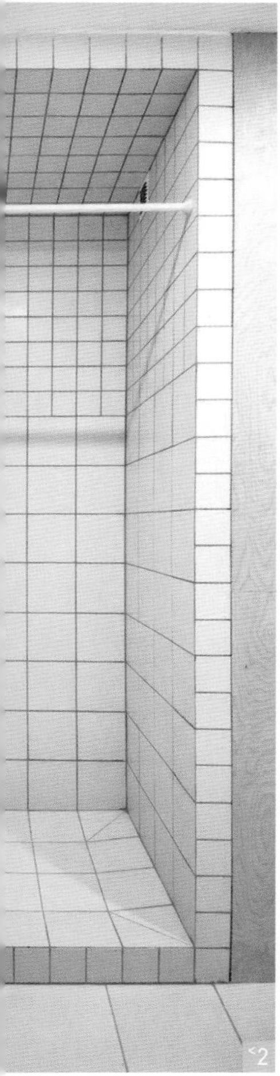

亮点 Bright points
极简风的手工晾衣杆
皮质与木质杆组合的晾衣杆，极简风浓郁。

2.淋浴区的墙面、地面都运用相同的白色瓷砖，再用黑色美缝剂进行勾勒，简洁而不乏层次感；淋浴区用白色防水浴帘代替了钢化玻璃，性价比高，是一种节约装修成本的做法。

3.小卫生间中采用壁挂式坐便器，外形美观，还能节省空间；碳化木饰面板的运用则为白色调的小空间增温不少，也彰显了北欧风对木材的偏爱。

4.手工皮条搭配一只木棍做成的卷纸收纳杆是整个卫生间中的装饰亮点，纯手工打造，极简风浓郁。

将畸零角落规划成收纳区，提升空间美感

面对不规则的小浴室，可以顺势将不规则墙面打造成用于收纳的壁龛，这样既能提升小浴室的空间感，又能弥补畸零角落的缺陷，从而增强小浴室的使用舒适度与增加收纳空间。

<1

<2

小家精心布置之处

1.利用结构特点打造的壁龛上摆放了一盆兰草，既能净化空气又能提升空间美感。

2.虽然卫生间没有进行干湿分区，但是合理的规划让小空间也拥有了浴缸，而能在浴缸里泡澡就是一种日常减压的好方法。

3.卫生间整体以白色为主，干净、整洁，墙面局部采用的陶瓷锦砖是装饰的亮点，锦砖表面丰富的层次，缓解了空间的单调感。

亮点 Bright points

陶瓷锦砖

不同花色的锦砖拼贴在一起，丰富了浴室的墙面表情。

<3